导电聚合物/无机物纳米复合材料的制备及催化性质研究

边秀杰 著

黑龍江大學出版社
HEILONGJIANG UNIVERSITY PRESS
哈尔滨

图书在版编目（CIP）数据

导电聚合物/无机物纳米复合材料的制备及催化性质研究 / 边秀杰著 . -- 哈尔滨 : 黑龙江大学出版社，2024. 12（2025.3 重印）. -- ISBN 978-7-5686-1208-1

Ⅰ . TB383；TB332

中国国家版本馆 CIP 数据核字第 20242T8X09 号

导电聚合物/无机物纳米复合材料的制备及催化性质研究

DAODIAN JUHEWU/WUJIWU NAMI FUHE CAILIAO DE ZHIBEI JI CUIHUA XINGZHI YANJIU

边秀杰 著

责任编辑 李 卉 梁露文
出版发行 黑龙江大学出版社
地 址 哈尔滨市南岗区学府三道街 36 号
印 刷 三河市金兆印刷装订有限公司
开 本 720 毫米 ×1000 毫米 1/16
印 张 11
字 数 186 千
版 次 2024 年 12 月第 1 版
印 次 2025 年 3 月第 2 次印刷
书 号 ISBN 978-7-5686-1208-1
定 价 45.00 元

本书如有印装错误请与本社联系更换，联系电话：0451-86608666。

目录

第1章　绪论

1.1　导电聚合物

众所周知，日常生活中常见的人工合成聚合物多是不导电的绝缘体。但1974年日本筑波大学H. Shirakawa研究小组在意外情况下合成出具有单键、双键交替结构的聚乙炔(polyacetylene，缩写为PA)，并在1977年与美国高分子化学家A. J. Heeger和A. G. MacDiarmid合作，利用I_2对其进行掺杂，成功制备出具有较高导电率的聚乙炔材料。从此，“聚合物即绝缘体”的传统概念被彻底颠覆。

随后，科学家们陆续发现了聚吡咯(polypyrrole，缩写为PPy，1978年)、聚对苯撑[poly(para-phenylene)，缩写为PPP，1979年]、聚对苯撑乙烯[poly(phenylene vinylene)，缩写为PPV，1979年]、聚苯胺(polyaniline，缩写为PANI，1980年)和聚噻吩(polythiophene，简称PTh，1981年)等同样具有导电性的聚合物。

由此，导电聚合物(conductive polymer，缩写为CP)研究领域得以确立，并以惊人的速度发展起来。图1-1展示了几种典型的导电聚合物的结构简式。

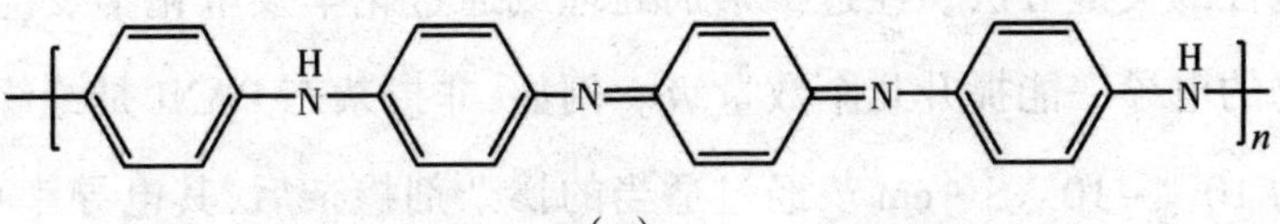

(a)

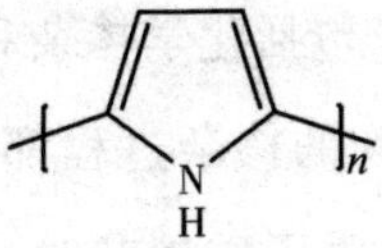

(b) 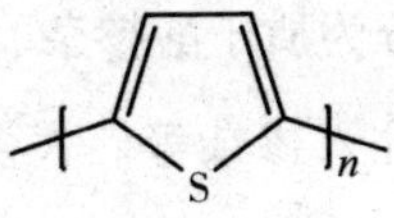　　(c)

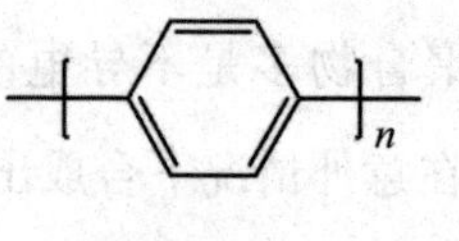

(d)

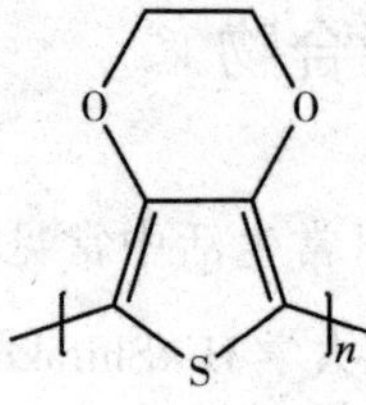

(e)

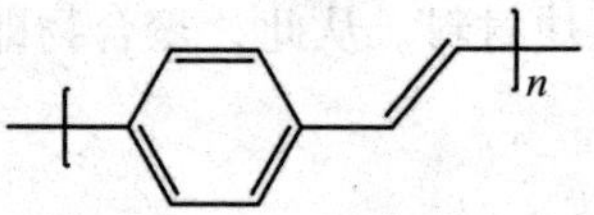

(f)

图 1-1　几种典型的导电聚合物的结构简式

(a)聚苯胺;(b)聚吡咯;(c)聚噻吩;(d)聚苯;(e)聚 3,4-亚乙二氧基噻吩;(f)聚对苯撑乙烯

导电聚合物,更精确地说是本征导电聚合物(intrinsically conductive polymer,缩写为 ICP),是一类在主链中具有交替碳-碳单、双键的功能性聚合物。它具有长程共轭且高度共轭的 π 键聚合物链,通过调节掺杂种类及掺杂度,可以实现从绝缘体到半导体乃至导体的转变。目前,掺杂是提升导电聚合物导电性的关键方法。经过掺杂剂处理或通过化学及电化学反应,这些导电聚合物的电导率能提升几个数量级。例如,非掺杂态 PANI 是绝缘体,其电导率仅为 10^{-10}~10^{-8} $S \cdot cm^{-1}$;经过适当的掺杂剂掺杂后,其电导率可提升至 10^{2}~10^{3} $S \cdot cm^{-1}$。

掺杂主要分为质子酸掺杂、氧化还原掺杂(包括化学掺杂和电化学掺杂)以及界面电荷注入掺杂等。大多数导电聚合物的掺杂过程都伴随着电子的得失,属于氧化还原掺杂。然而,PANI 在进行质子酸掺杂时,其掺杂过程并不涉及电子的得失,仅是电子结构发生了变化。此外,根据聚合物链在掺杂过程中的电子得失情况,掺杂可进一步细分为 p 型掺杂(失去电子)和 n 型掺杂(得到电子)两类。在掺杂过程中,为了维持体系的电中性,会有对离子依附在聚合物链上。

导电聚合物的载流子主要包括离域电子以及由掺杂形成的孤子、极化子和双极化子等。当施加一定电场后,这些载流子在电场的作用下进行定向传输,从而实现导电过程。载流子的传输主要通过沿聚合物分子链段的迁移以及在分子链间的跳跃来完成。由于导电聚合物内部存在各向异性和不均匀性,其导电体系并非连续,而是由高电导率的金属区和低电导率的绝缘区构成。在电导率较高的金属区中,聚合物分子结构相对有序,有利于载流子的传输;而在绝缘区中,载流子的迁移则必须依赖链间的跳跃或隧道效应来实现。因此,载流子在绝缘区的迁移效率成为影响聚合物整体电导率的关键因素。

载流子的跳跃传输主要依赖于两个参数:分子链间距和载流子在分子链间的跳跃频率。绝缘区内分子的结构有序程度对载流子的传输效率具有显著影响。为了提高导电聚合物的电导率,可以采取以下两种方法:

(1)通过掺杂过程增加载流子数目,从而增加导电通道;

(2)通过拉伸、结晶等手段提高导电聚合物中非金属区的有序程度,改善载流子在绝缘区的迁移条件。

导电聚合物材料虽然研究起步较晚,但由于具有卓越的性能,且在航天、航空、军事和日常生活等领域具有巨大发展潜力,因而备受各国科学家关注,并得到迅速发展。与常见的半导体材料相比,导电聚合物材料在维持较高电导率的同时,还保留了有机聚合物的机械性能。此外,导电聚合物材料还具备诸多优点,如质量轻、易于加工、耐腐蚀性强等。

目前,科研工作者已利用导电聚合物材料固有的导电性及相关特性,开发了其在多个领域的应用,包括但不限于传感器、隐身材料、电致变色材料、静电防护材料、金属防腐蚀材料、电子器件(如二极管、晶体管等)。

在众多导电聚合物中,导电 PANI 和 PPy 材料虽然较晚才被发现,但是由于它们原料廉价易得,且合成方法简便,因此均被认为是极具实际应用前景的导电聚合物。其中,PANI 因其多样的化学结构、独特的掺杂机制、较高的电导率以及出色的环境稳定性,已成为导电聚合物研究领域的主流和热点。

1.1.1 聚苯胺与聚吡咯的结构

1.1.1.1 聚苯胺的结构

早在1826年,苯胺分子就已经从靛青中分离出来了。随后,在1834年和1840年,科研工作者们发现苯胺分子可以被铬酸氧化。在接下来的几十年里,科学家们深入地研究了苯胺氧化产物的结构,并在20世纪初得出这样一个结论:苯胺氧化生成了由苯式和醌式两种结构单元构成的“苯胺八隅体”。应当提及的是,这种“苯胺八隅体”的颜色取决于其主链中醌式结构的数量。在这个时期,隐翠绿亚胺式(leucoemeraldine)、翠绿亚胺式(emeraldine)和过苯胺黑式(pernigraniline)等专业词汇被创造出来,用以描述“苯胺八隅体”的不同氧化还原状态,这些词汇被沿用至今。

随后又经历了几十年的研究,科学家们最终认识到苯胺的氧化实际上是生成了苯胺聚合物。由此,苯胺聚合物也成为最早被研究的电活性聚合物之一。1984年,MacDiarmid等人再度开发了PANI,并利用更先进的测试技术,对PANI的结构进行了更深层次的研究。1987年,他们依据对实验结果的分析,提出了如图1-2所示的PANI的氧化状态分子模型。

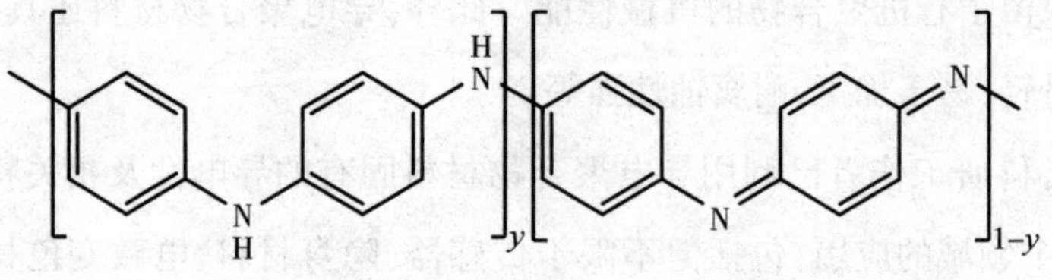

图1-2 PANI的氧化状态分子模型($0 \leqslant y \leqslant 1$)

在图1-2所示的结构模型中,y在0~1之间任意变化,对应PANI不同的氧化还原状态。其中,当$y=1$时,PANI是完全还原态(leucoemeraldine base,

缩写为 LB)；$y=0$ 时，PANI 是最高氧化态(pernigraniline base，缩写为 PB)；而 $y=0.5$ 时，PANI 是中间氧化态，也称为本征态(emeraldine base，缩写为 EB)。对于本征态，它具有相同比例的胺(—NH—)和亚胺(═N—)基团。其中，亚胺位点可以被 H^+ 质子化生成双极化子。双极化子还可以经过重排以及分离，生成离域的极化子晶格(一种半醌的阳离子自由基)。图 1-3 展示了通过氧化掺杂和酸掺杂得到 PANI 翠绿亚胺盐(ES)的过程。由该图可知 PANI 在不同阶段的结构变化。

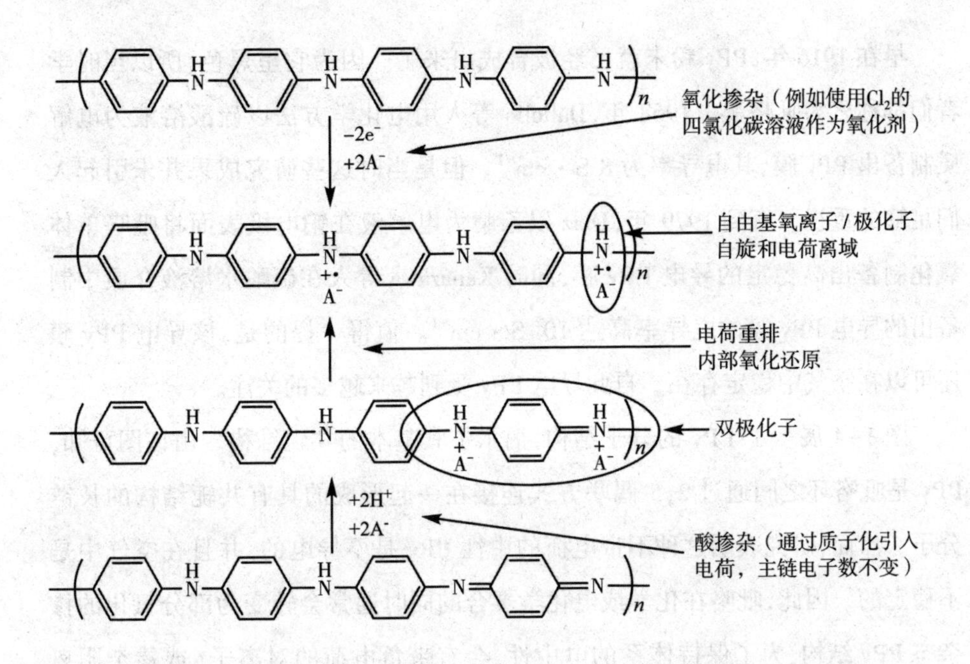

图 1-3 通过氧化掺杂和酸掺杂方法得到 PANI 翠绿亚胺盐的过程示意图

注：图中 A^- 代表掺杂阴离子或对离子。

在极化子结构中，每个含氮阳离子自由基相当于一个空穴，起到载流子的作用。当电子从邻近的中性 N 原子跃迁至空穴时，原来的空穴因变为电中性而消失，同时产生新的空穴，实现空穴的移动。对于质子酸掺杂的有效掺杂位点，大量的实验结果表明：

(1) 当—NH—和═N—基团共存时,有效掺杂位点为═N—基团,即使—NH—基团同时被掺杂,其对聚合物电导的贡献也不大;

(2)若聚合物主链上只含有═N—或—NH—基团,则不能发生有效的掺杂反应,质子化只能导致成盐。

因此,只有当 PANI 处于中间氧化态时,才能发生有效的质子酸掺杂;当 PANI 处于完全还原态或最高氧化态时,只能进行氧化还原掺杂。

1.1.1.2　聚吡咯的结构

早在 1916 年,PPy 粉末就已经被合成出来了。因为它呈黑色,所以当时学者们都称之为吡咯黑。1968 年,Dallolio 等人用电化学方法以硫酸溶液为电解质制备出 PPy 膜,其电导率为 8 $S \cdot cm^{-1}$。但是当时这些研究成果并未引起人们足够的重视。直到 1979 年,Diaz 以乙腈为电解液在铂电极表面将吡咯单体氧化制备出高稳定的导电 PPy 膜,同时 Kanazawa 等人在硫酸水溶液介质中制备出的导电 PPy 膜的电导率高达 10^2 $S \cdot cm^{-1}$。值得一提的是,该导电 PPy 膜还可以在空气中稳定存在。自此导电 PPy 受到越来越多的关注。

图 1-4 展示了 PPy 的分子结构,揭示了其基本的共轭结构。由该图可知,PPy 是吡咯环之间通过 2,5 偶联方式连接在一起形成的具有共轭结构的长链分子。然而,研究表明这种不带电荷的中性 PPy 是不导电的,并且在空气中是不稳定的。因此,吡咯在化学或电化学聚合的同时通常会转变为部分氧化的掺杂态 PPy 结构,为了保持体系的电中性,会有带负电荷的对离子(或掺杂阴离子)依附在聚合物链上。

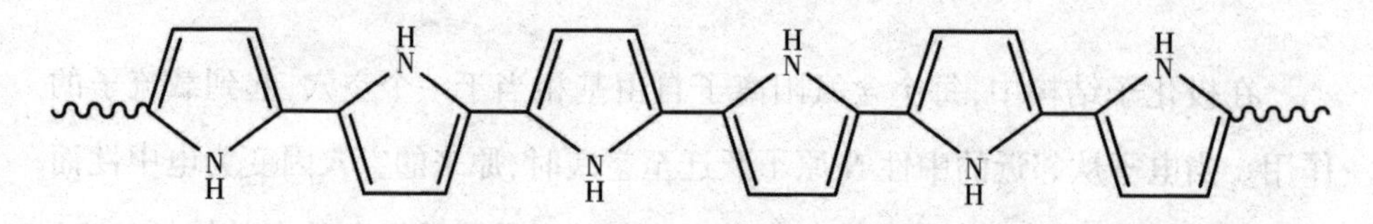

图 1-4　PPy 的分子结构示意图

图 1-5 展示了掺杂态 PPy 的化学结构。该结构示意图是在假定聚合物骨架中每 3 个吡咯重复单元带有 1 个正电荷的基础上绘制而成的,图中 A^-代表掺杂阴离子或对离子。在部分氧化的 PPy 分子链中平均每 2.5~4 个吡咯单元带有 1 个正电荷,由于正电荷的引入,聚合物链中会形成单电荷自由基阳离子基元(极化子)和双电荷的双阳离子基元(双极化子)。应当说明的是,也有可能仅形成极化子或双极化子。实验及理论计算结果均表明极化子和/或双极化子在掺杂的导电 PPy 中起着载流子的作用。

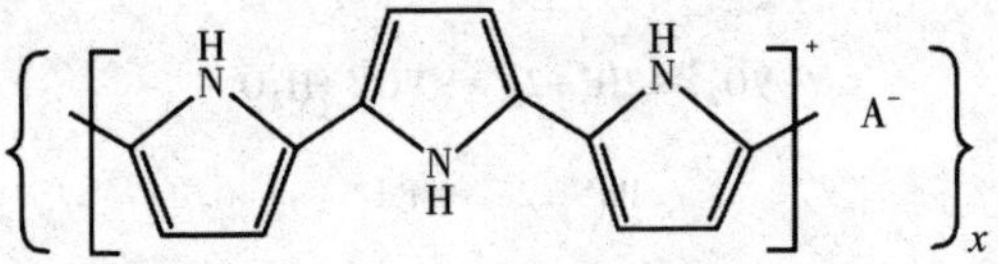

图 1-5　掺杂态 PPy 的化学结构示意图

1.1.2　聚苯胺与聚吡咯的聚合方法及机理

PANI 和 PPy 主要有电化学聚合法和化学氧化聚合法两种合成方法。电化学聚合法是以一定的电极电位为反应驱动力促使单体进行聚合反应的一种方法。电化学聚合法中聚合反应在电极表面进行,生成的导电聚合物一般为与电极表面有较强结合力的聚合物薄膜。然而,这种方法产量很小且产物不易从电极表面剥离,不利于大量生产。化学氧化聚合法则是在一定介质中利用化学氧化剂氧化并引发单体聚合制备聚合物的一种方法。该方法制备过程简单,并可大量制备,因而是较为常用的制备 PANI 和 PPy 的方法。化学氧化聚合法中,氧化剂的选择很多,一般标准氧化电势高于 0.5 V(苯胺二聚体的标准氧化电势)的氧化剂都能氧化苯胺或吡咯分子使其发生聚合。表 1-1 为酸性条件下,不同氧化剂的标准电极电势表。其中,$(NH_4)_2S_2O_8$ 不含金属离子,氧化能力强,后处理方便,是目前最常用的氧化剂。

表 1-1　不同氧化剂的标准电极电势表(酸性条件下)

电偶氧化态	电极反应	$\varphi^\ominus$/V
S(Ⅶ)-(Ⅵ)	$S_2O_8^{2-}+2e^- \rightleftharpoons 2SO_4^{2-}$	+2.01
O(-Ⅰ)-(-Ⅱ)	$H_2O_2+2H^++2e^- \rightleftharpoons 2H_2O$	+1.77
Ce(Ⅳ)-(Ⅲ)	$Ce^{4+}+e^- \rightleftharpoons Ce^{3+}$	+1.62
Mn(Ⅳ)-(Ⅱ)	$MnO_2(s)+4H^++2e^- \rightleftharpoons Mn^{2+}+2H_2O$	+1.23
Pt (Ⅳ)-(0)	$[PtCl_6]^{2-}+4e^- \rightleftharpoons Pt+6Cl^-$	+0.74
Au(Ⅲ)-(0)	$[AuCl_4]^-+3e^- \rightleftharpoons Au+4Cl^-$	+1.00
V(Ⅴ)-(Ⅳ)	$VO_2^{2+}+2H^++2e^- \rightleftharpoons VO^{2+}+H_2O$	+1.00
Pd (Ⅱ)-(0)	$Pd^{2+}+2e^- \rightleftharpoons Pd$	+0.95
Ag(Ⅰ)-(0)	$Ag^++e^- \rightleftharpoons Ag$	+0.79
Fe (Ⅲ)-(Ⅱ)	$Fe^{3+}+e^- \rightleftharpoons Fe^{2+}$	+0.77

1.1.2.1　聚苯胺的聚合机理

由于化学氧化聚合法比较常用,所以我们以酸性介质中苯胺的化学氧化聚合为例,简单介绍 PANI 的聚合机理。关于 PANI 的聚合机理,存在诸多争论,其中氧化偶联机理较多地为人们所接受。根据氧化偶联机理,苯胺的聚合主要经历三个阶段:

(1)单体氧化阶段。苯胺先被缓慢氧化为对位及邻位的阳离子自由基,如图 1-6 所示。

(2)自由基偶联阶段。两个阳离子自由基以头尾相连的形式结合并脱去质子形成苯胺二聚体,如图 1-7 所示。

(3)链增长阶段。苯胺二聚体继续与苯胺单体反应形成三聚体,三聚体分子继续增长,提高分子的聚合度,最后形成 PANI 分子,如图 1-8 所示。

虽然头尾相连方式是主要的偶联方式,但是在聚合过程中邻位偶联及头头偶联、尾尾偶联也会发生,导致聚合物中存在共轭结构缺陷,因此 PANI 结构具有不确定性。

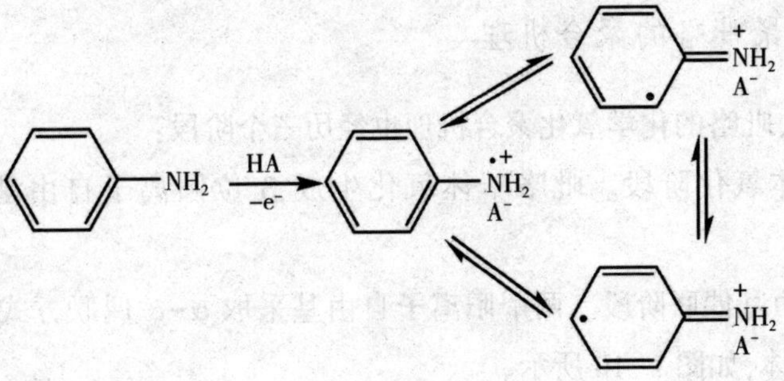

图 1-6　单体氧化阶段

注：A^-代表掺杂阴离子或对离子。

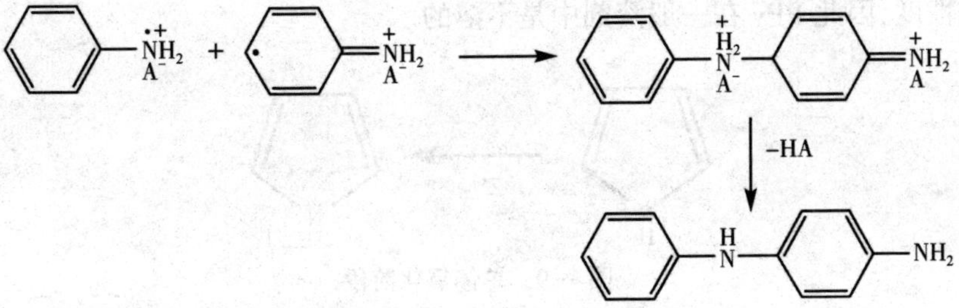

图 1-7　自由基偶联阶段

注：A^-代表掺杂阴离子或对离子。

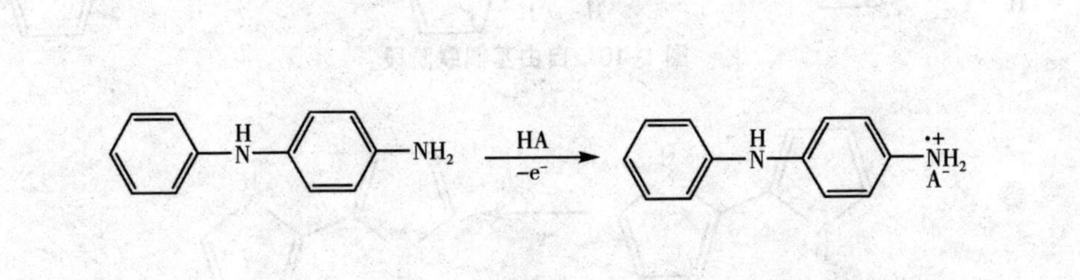

图 1-8　链增长阶段

注：A^-代表掺杂阴离子或对离子。

1.1.2.2 聚吡咯的聚合机理

类似地,吡咯的化学氧化聚合机理也经历三个阶段:

(1)单体氧化阶段。吡咯单体氧化生成β位阳离子自由基,如图1-9所示。

(2)自由基偶联阶段。两个阳离子自由基采取α-α偶联方式脱去质子形成吡咯二聚体,如图1-10所示。

(3)链增长阶段。吡咯二聚体被氧化并继续与吡咯单体自由基反应形成三聚体,反应按照此方式继续进行即得到PPy分子,如图1-11所示。

吡咯聚合过程中α-α偶联反应可以得到线性的、高度共轭的PPy分子,但在一定程度上α-β偶联方式也会发生,导致聚合物链交联,从而降低聚合物链的线性度,因此PPy在一般溶剂中是不溶的。

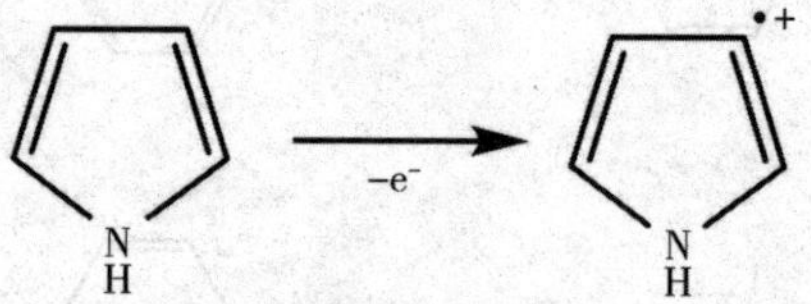

图1-9 单体氧化阶段

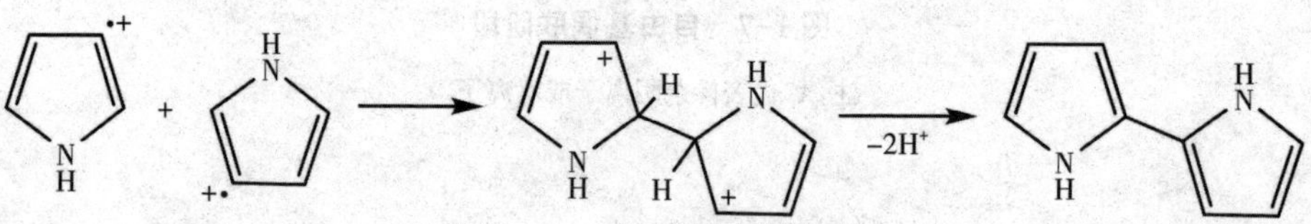

图1-10 自由基偶联阶段

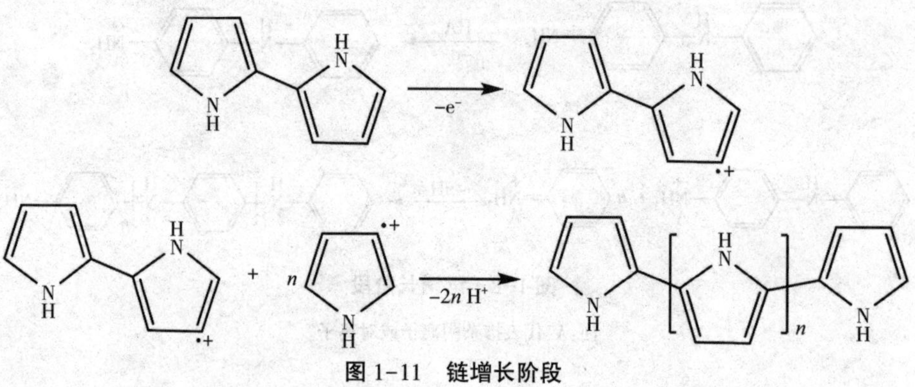

图1-11 链增长阶段

1.2 聚苯胺和聚吡咯的微/纳米结构

纳米技术在20世纪末诞生并在21世纪展现出良好的发展前景，它已经在电子、化工、机械、医药、军工等领域得到了一定的应用。纳米技术可以理解为是一种设计、制备及应用纳米结构和纳米材料的技术。所谓的纳米材料，广义上是指三维空间中至少有一维处于纳米尺度范围或由它们作为结构基元构成的材料。纳米材料具体可分为四类：零维纳米结构（量子点）材料、一维纳米结构材料、二维纳米结构材料和三维纳米结构材料。研究人员发现，当物质达到纳米尺度后，与相应的块体材料相比，它的许多性质（如电学、热学、机械、光学、催化等方面的性质）会发生显著的变化。例如，粒径小于50 nm的铜纳米粒子是一种超硬材料，尺寸减小使它失去了块体铜材料的可塑性和延展性。块体金被认为是一种稳定的惰性金属，但是金纳米晶体却可以成为优异的低温催化剂。

在过去的二十多年里，化学家和材料学家们成功地合成了很多无机纳米结构材料，包括无机半导体和金属纳米结构材料。而后他们把注意力转移到了电活性有机纳米材料上，如导电聚合物和小分子有机导体。但是导电聚合物的尺寸及形状不像无机材料那么容易控制，大部分无机材料都有结构确定且热稳定的晶格可以用来调控它们的纳米结构，而导电聚合物没有确定的晶格结构，它们主要依靠分子链间的相互作用来形成不同的微/纳米结构。聚合物微/纳米结构的制备方法大致可分为两类：一类是依赖外加模板或添加剂来指导纳米结构的生长，另一类则不需要这些外加物质。前者可以通过引入预先制备好的具有一定微/纳米结构的不溶硬模板或由表面活性剂及掺杂剂等组装形成的软模板来实现。本书按照PANI和PPy不同微/纳米结构对其相应的制备方法进行详细的说明。

1.2.1 一维微/纳米结构

一维纳米材料由于其独特的物理化学性质成为众多科研工作者的研究

焦点,这主要有两个原因:

(1)一维纳米材料具有小尺寸及大长径比,可以沿某一特定方向有效传输电子,可用于纳米整流系统中电子的传输;

(2)一维纳米材料在纳米器件方面有很广泛的应用前景。

一维纳米结构按照长径比及表面平整度等可分为纳米纤维、纳米线、纳米棒、纳米管等。PANI 和 PPy 的纳米线结构、纳米管结构均可以利用模板指导聚合方法在沸石、纳米多孔膜等的孔道内生成,但是这种硬模板方法的后处理过程十分复杂,所以这种方法只在导电聚合物微/纳米结构研究初期被广泛使用。于是,科研工作者们把注意力转移到了导电聚合物一维纳米结构的软模板法和无模板法制备方面。无模板法主要包括自组装法、静电纺丝法、机械拉伸法等。其中,自组装方法是指在没有外加作用力(如电场力、磁场力、机械力等)的情况下,分子间依靠自身的离子键、氢键、配位键和范德瓦耳斯力等弱的相互作用,自发地组装成各种微/纳米结构。Kaner 小组在 PANI 纳米纤维的自组装法制备方面做出了很大的贡献。他们通过对大量实验结果的分析,提出 PANI 本身易于形成纳米纤维结构,又根据经典的成核理论分析了成核类型与 PANI 形貌之间的关系,提出这样的观点:均相成核会形成纳米纤维,而异相成核则主要生成无规颗粒。只要苯胺在聚合过程中均相成核并且能有效地抑制其二次成核生长就可以得到 PANI 纳米纤维。根据这一原理,他们发明了两种制备 PANI 纳米纤维的方法:界面聚合法和快速混合法。

中国科学院化学研究所 Wan 所在的研究小组也在自组装法制备 PANI 纳米纤维、纳米管等纳米结构方面做了大量的工作。他们主要研究了氧化剂种类、掺杂酸种类(如饱和脂肪酸、羧酸、复杂的偶氮类磺酸、萘磺酸等)及掺杂酸的浓度对 PANI 自组装微/纳米结构的影响。这些有机酸掺杂生成的 PANI 一般为纳米管,主要是因为带有大体积有机侧基的掺杂酸(如饱和脂肪酸等)与苯胺形成的盐具有双亲性,可以像表面活性剂那样形成柱状胶束模板,苯胺单体在胶束表面进行聚合,形成了纳米管状结构。同时研究结果表明掺杂酸与苯胺单体的比例、氧化剂与苯胺单体的比例等也对制备的 PANI 形貌有很大影响。例如,以水杨酸为掺杂剂,当水杨酸与苯胺单体的比例由 0.1 增大到 1.0 时,得到的PANI便由纳米管变为空心微球。这些结果表明分子间的氢键作用对PANI的纳米结构有很大的影响。

不同于PANI,吡咯在酸性条件下的化学氧化聚合只能得到纳米颗粒状结构的PPy。因此,PPy的纳米纤维、纳米管等一维纳米结构只能通过在化学氧化聚合过程中引入结构指导剂,如表面活性剂、双亲活性物质、V_2O_5纳米纤维种子等来制备。其中,种子法是一种很有效的制备导电聚合物纳米纤维的方法,通过加入极少量(通常低于1%)的生物、无机或有机纳米纤维作为种子,可以诱导单体聚合生成具有相同结构的导电聚合物。依据同样的原理,Fan等人通过加入极少量(低于3%)具有手性的双亲性分子,如N-酰基氨基酸(C_n-L-Glu,其中,n=12、14、16、18)得到了手性介孔导电PPy纳米管(CMPP)。此外,通过改变双亲分子中烷基链的长度可以调控介孔纳米管的内径。其具体机理如下:首先,手性双亲性分子在溶液中形成具有螺旋结构的带状聚集体,其表面亲水端带有负电荷,该负电荷会与质子化吡咯单体中的亚胺正离子通过静电相互作用结合形成电中性聚集体。然后,吡咯分子在螺旋聚集体模板表面发生聚合,生成手性的螺旋结构,甚至在没有模板的条件下沿着螺旋纤维轴向方向继续生长,最终得到了介孔的手性螺旋PPy纳米管。

1.2.2 二维微/纳米结构

二维纳米结构主要包括:纳米片、纳米膜、纳米图案化结构等。PANI和PPy的二维结构除了可以通过经典的电化学聚合法制备外,还可以利用化学气相聚合法、模板法、自组装法等方法制备。其中,化学气相聚合法是指化学氧化聚合过程中反应物有一种为气相,而另外一种则是液相或固相,聚合反应在两相界面发生。化学氧化聚合中最重要的两种原料是单体和氧化剂,在化学气相聚合中气相物质可以是单体(主要),也可以是氧化剂。例如,Zhu等人采用苯胺与柠檬酸形成的盐作为模板,以氯气为氧化剂,利用化学气相聚合法在气、固两相界面制备了与人体大脑结构很相似的PANI纳米膜结构。Zhou等人则利用化学氧化聚合法在较低浓度的苯胺单体溶液中、较低的氧化剂[过硫酸铵(APS)]与苯胺单体的物质的量比(0.1∶1~0.3∶1)下制备得到了板状结构的 PANI。通过监测聚合反应过程中反应体系 pH 值变化并进行深入分析,研究人员认为主要是由于聚合反应初期溶液呈弱酸性,因而存在着大量的苯胺中性分子,它们比苯胺阳离子更容易被氧化生成邻位偶联的2-氨基二苯胺,继续偶联并发生分子间成环反应就会生成吩嗪分子。吩嗪是不溶于水的,并且它的分子为平面结构,因此得到了板状结构的 PANI。

更多情况下,科研工作者们将氧化剂固载到具有一定微/纳米结构(或图案化)的基底上(通常使用溶液浸渍的方法),然后将其暴露在聚合物单体气体中(真空条件下)制备具有特定微/纳米结构(或图案化)的导电聚合物。Lee 等人将胶体模板法与化学气相聚合法相结合制备了 PPy 二维反相光子晶体单层膜。他们首先在两种玻璃基底上制备了具有二维排列结构的苯乙烯-苯乙烯磺酸钠共聚物胶体粒子模板,然后将该模板浸入到氧化剂($FeCl_3$)溶液中,取出干燥并置于饱和的吡咯气体中进行聚合,最后将模板粒子移除就得到了具有一定图案(蜂窝状或六边形)的 PPy 二维反相光子晶体单层膜。

1.2.3 三维微/纳米结构

三维结构种类很多,主要包括:球、空心球、空心胶囊、空心立方体等。PANI 和 PPy 的三维微/纳米结构主要通过硬模板法、软模板法、自组装法等方法制备。软模板法主要依靠单体在表面活性剂或一些具有双亲性质的物质(如有机大分子掺杂酸等)所形成的具有一定微/纳米结构的胶束表面发生聚合,从而得到空心或实心的微/纳米结构。硬模板法中所用模板种类很多,包括聚合物胶体粒子、具有一定微/纳米结构的无机氧化物或硫化物等。

Zhang 等人利用十二烷基苯磺酸钠作为表面活性剂,以微米级的 Cu_2O 八面体结构为牺牲模板,H_3PO_4 为掺杂剂,APS 为氧化剂,低温(0~5 ℃)搅拌反应制备了 PANI 空心八面体结构。Fei 等人以 MnO_2 空心立方体为活性氧化剂模板,在一定浓度的硫酸溶液中制备了 PANI 的空心立方体壳层。由于反应结束后 MnO_2 被还原成可溶的 Mn^{2+},所以无须进行模板后处理过程。

与之类似,Bai 等人利用表面具有开口的聚苯乙烯空心微球作为模板,在加入聚乙烯基吡咯烷酮(PVP)表面活性剂的情况下,以 $FeCl_3$ 为氧化剂制备了表面具有多孔结构的 PPy 双壳层结构。由于反应过程中 Cu_2O 被 APS 氧化形成可溶的 Cu^{2+},因此无须对产物进行后处理。与传统的模板法相比,这种方法的步骤明显简化了。

Xue 等人利用化学氧化聚合法在一定量的罗丹明 B(RhB)存在的条件下,以 APS 为氧化剂制备了 PPy 空心胶囊。由于 RhB 带有正电荷,与 APS 混合后,过硫酸根与 RhB 通过静电力作用结合在一起,组装成一定结构的胶束。吡咯聚合反应在形成的胶束表面进行,而胶束在聚合反应结束后就因 APS 的还原自动降解了,于是便生成了 PPy 空心胶囊结构。除模板法外,Zhang 等人利用水热合成法以 H_2O_2 为氧化剂,Fe^{3+} 为催化剂,在 H_3PO_4 溶液中制备了 PANI 空心微球。通过改变苯胺单体和氧化剂浓度可以调控生成的 PANI 空心微球的壳层厚度。

1.2.4 多级结构

多级结构是指几种不同结构或相同结构不同尺寸的结构基元按照一定的次序组装成的聚集结构。构成多级结构的基元可以是纳米或微米级的纤维、管、片等。例如,聚苯胺塔可由片状结构堆积而成,聚苯胺扇形结构则可由方管结构组装而成。

多级结构的形成过程较为复杂,结构基元形成的同时通过氢键、π-π 叠加作用、范德瓦耳斯力等驱动力自组装形成多种特殊结构,因此将胶束软模板与这些分子间驱动力相结合,会是一种有效地制备导电聚合物多级结构的方法。Han 等人采用一种具有双亲性的三嵌段共聚物 F127(表示为 $EO_{100}PO_{70}EO_{100}$)作为大分子表面活性剂,成功地制备了叶状结构的 PANI。这种叶状结构长约 3.3 μm,宽度约为 1.4 μm,厚度约为 150 nm,它是由直径约为 25 nm 的纤维交叉堆积而成的。研究人员提出了这样的解释机理:由于 F127 是双亲性大分子,它在水中会组装成一定结构的胶束,亲水的 EO 链段会占据胶束的外部。当加入较低浓度的苯胺单体时,F127 的 EO 链段与苯胺分子间的氢键作用驱使苯胺单体吸附到胶束表面。当聚合反应发生后,胶束起着软模板的作用,指导 PANI 纤维的生成,并进一步提供一定的驱动力引导

PANI纤维组装成叶状结构。研究人员将F127替换成结构相同但是亲水链段长度不同的$EO_{20}PO_{69}EO_{20}$和$PO_{26}EO_{8}PO_{26}$或具有相同亲水链段但是疏水链段不同的Triton X-100和Tween 80等大分子表面活性剂同样得到了叶状的PANI,而替换成不具有EO链段的小分子表面活性剂十二烷基苯磺酸钠时,只能得到PANI纳米棒和纳米管,这说明EO链段与苯胺分子间的氢键作用对这种多级结构的形成起着关键性作用。利用相同原理,Wan研究小组利用全氟癸二酸和全氟辛烷硫酸作为掺杂剂和软模板,得到了由一维纳米纤维或纳米棒组装而成的空心蒲公英状、空心立方盒状及空心红毛丹状的PANI多级结构。

Jin等人利用水热合成法,以具有双羧基的天冬氨酸为掺杂剂制备了由一维纳米纤维组装形成的四角星形PANI多级结构。水热条件可以提供高温高压环境,加快反应速率,而双羧基氨基酸可以提供强的氢键作用,它们是生成这种四角星形PANI多级结构的两个必备条件。此外,科研工作者们通过调节溶液pH值、改变溶剂种类、改变单体与氧化剂的浓度及比例等手段可以得到多种PANI多级结构;利用表面活性剂诱导聚合等方法也可以得到多种PPy多级结构。

1.3 导电聚合物纳米复合材料

在研究导电聚合物的微/纳米结构的同时,更多的科研工作者将目光聚集到了导电聚合物纳米复合材料的制备及性质研究上。他们将导电聚合物与其他物质在纳米尺度下进行复合,试图通过对复合方式、复合比例及各组分的微/纳米尺度的调控来调控得到的纳米复合材料的性能。研究结果表明,这种纳米尺度的复合,一方面可以通过组分间的协同效应使导电聚合物复合材料的原有性能大幅提高,另一方面可以通过引入新的组分赋予导电聚合物新的功能。导电聚合物纳米复合材料的制备面临两个重要的问题:

(1)如何制备导电聚合物纳米结构;

(2)如何将其他组分有效地引入到导电聚合物体系中。

此外,导电聚合物的结构、导电聚合物与第二组分间的界面黏结力以及各组分的比例都会对纳米复合材料的性能有一定的影响。因此,导电聚合物纳米复合材料的制备方法十分重要。接下来,我们将对几类典型的导电聚合物纳米复合材料的制备方法进行详细的讨论。

1.3.1 与碳纳米材料的复合

碳材料主要包括零维的富勒烯(C_{60})、一维的碳纳米管(CNT)和碳纳米纤维、二维的石墨烯(GP)以及三维的金刚石和石墨。1991年,Iijima报道了CNT的结构。它因处于纳米尺度并具有很大的长径比(比值可超过1 000)、很高的机械强度和模量、良好的导电性和化学稳定性,而有望应用到纳米器件方面。石墨烯虽然较晚才被发现,但是它一经发现就成为碳材料家族的“明星”。石墨烯是sp^2杂化的碳原子有序排列成的二维片状材料,其最小厚度约为0.34 nm(单层碳原子的厚度),是目前发现的最薄的材料。它被认为是构成CNT、C_{60}、石墨等碳材料的基本单元。石墨烯具有很大的理论比表面积(约2 630 $m^2 \cdot g^{-1}$)、很高的机械强度和电子迁移率等,在电化学、超级电容器等方面具有很好的应用前景。但是这两种碳纳米材料都存在着加工性能差的缺点,这限制了它们的应用。不过,在它们表面修饰有机分子或聚合物可以改善它们的分散性。而利用功能性聚合物进行修饰,不仅可以增加它们的加工性能,而且能提高它们的一些其他性能。

作为一类功能性聚合物,导电聚合物与CNT之间存在着强相互作用,它们组成的复合物有利于电子或空穴的传输。CNT是一维纳米结构,在它表面直接包覆导电聚合物壳层是最简单的制备一维CNT/导电聚合物复合纳米纤维的方法。怎样能使导电聚合物均匀地在CNT表面生长是科研工作者研究的焦点。原位化学聚合法被证实是一种简单有效的方法,但是得到的CNT/导电聚合物复合纳米纤维形貌不是很均匀。因此许多研究小组对化学原位聚合法进行了尝试性改进。其中,Philip等人在多壁碳纳米管(MWCNT)表面通过化学键连接了对苯二胺分子,然后利用化学原位聚合法制备了MWCNT/PANI纳米复合材料。因为PANI分子是通过化学键与MWCNT表面相连的,所以得到了均匀的核壳结构。引入表面活性剂也可以改善导电聚合物壳层的均匀度。表面活性剂可以吸附在 CNT 表面,并在相对较高浓度下规则排列,形成柱状微区,加入的聚合物单体扩散进入其中,然后发生聚合,就能得到核壳结构的纳米复合物。Zhang 等人利用这种表面活性剂指导的原位化学聚合法成功地制备了壳层分布均匀的电缆状 CNT/PPy 纳米结构。值得注意的是,上述这些 CNT/导电聚合物核壳结构制备过程中,导电聚合物不只是在 CNT 表面生长,聚合物单体同样会进入 CNT 内,并在其内部聚合。除了上面提到的这种核壳结构复合物,Yan 等人首先将 MWCNT 进行酸化处理,得到了表面带有负电荷的酸化 MWCNT。然后,他们利用界面聚合方法制备了掺杂的 PANI 纳米纤维,这些纤维表面带有正电荷。接着,他们将两种物质的水分散液混合,酸化的 MWCNT 与掺杂的 PANI 纳米纤维通过静电作用结合在一起,形成了均匀的复合物。

石墨烯具有二维片状结构,它可以通过石墨粉氧化剥离形成的氧化石墨(GO)单层结构还原制备,因此它也称为还原氧化石墨烯(rGO)。它与导电聚合物的复合方式有很多种。既可以将导电聚合物包覆在其表面形成均匀的片层结构,又可以在其表面生长导电聚合物纳米结构(如纳米棒等),同时还可以将石墨烯材料包覆在导电聚合物微/纳米结构表面。其中,以前两种复合方式制备石墨烯/导电聚合物复合纳米结构的研究比较多。因为石墨烯的分散性很差,所以制备石墨烯/导电聚合物复合纳米结构的起始原料有两种选择:一种是以 GO 为原料,生长导电聚合物后再将其还原成 rGO;另一种是直接将石墨烯分散到溶液中,或对其表面进行处理,提高其分散性,然后直接进行原位化学聚合,制备石墨烯/导电聚合物复合纳米材料。

Ma 等人首先制备了磺化的石墨烯纳米片(sGNS),然后将其分散到水相中。接着,他们将苯胺单体溶于氯仿,并利用界面聚合法制备了 sGNS/PANI 复合纳米结构。研究人员分析其形成原理如下:在界面聚合起始阶段,苯胺单体在水和氯仿界面处发生氧化反应,生成苯胺齐聚物。这些具有亲水性的苯胺齐聚物随后离开两相界面,扩散进入水相。由于 sGNS 与苯胺齐聚物之间存在强的 $\pi-\pi$ 电子叠加作用,苯胺齐聚物被吸附到 sGNS 片层表面,从而形成成核位点。在此基础上进一步聚合,反应就在 sGNS 片层表面发生,最终形成了 PANI 纳米棒状结构。

1.3.2 与贵金属纳米粒子的复合

贵金属纳米粒子由于其独特的电学、光学及催化性质,在纳米电子器件和传感器件等许多领域具有广泛的应用。在过去的十年里,对贵金属纳米粒子的组成、形状及粒径的调控成为科学研究的热点。贵金属纳米粒子由于表面能很高,极易发生团聚。将其负载到适当的载体上可以有效地避免发生聚集,从而有利于得到粒径较小的贵金属纳米粒子。导电聚合物具有良好的电导性和可逆的氧化还原特性,它们可以被一些强氧化剂,如 $HAuCl_4$、H_2PdCl_4、H_2PtCl_6、$AgNO_3$ 等,氧化至过氧化态。因此,导电聚合物微/纳米结构可作为载体及还原剂来制备贵金属纳米粒子。Kaner 所在的研究小组利用 PANI 纳米纤维的还原性与贵金属盐反应,成功地在 PANI 纳米纤维表面及内部生长了 Ag、Au 和 Pd 纳米粒子。除了 PANI 纳米纤维,PPy 微/纳米结构也可以作为基体材料还原制备并负载贵金属纳米粒子。以 V_2O_5 纳米纤维为模板,Kaner 所在的研究小组制备了平均内径只有 6.0 nm 的 PPy 纳米管,并通过原位还原法制备了 PPy/Au 和 PPy/Ag 复合纳米管。由于 PPy 内径很小,在管内生成的 Au 纳米粒子和 Ag 纳米粒子粒径只有 3.0~5.0 nm。虽然导电聚合物自身就可以还原制备贵金属纳米粒子,但是得到的纳米粒子粒径通常较大。因此可以在体系中引入其他还原剂来制备导电聚合物/贵金属纳米粒子复合纳米材料,这种方法得到的金属纳米粒子可以小到 2.0~4.0 nm。如 Chen 所在的研究小组以乙二醇为还原剂,在高温条件下还原金属 Pt(Ⅵ)盐,在 PANI 纳米纤维表面制备了 Pt 纳米粒子,通过对 X 射线衍射(XRD)分析数据进行计算得知,制得的 Pt 纳米粒子的平均粒径只有 1.8 nm。

除了作为载体负载贵金属纳米粒子,导电聚合物还可以对贵金属纳米粒子进行包覆,制备具有核壳结构的微/纳米复合物。这种核壳结构可以通过一步法和后聚合法制备。由于贵金属盐有很强的氧化性,可以氧化导电聚合物单体进行聚合,同时贵金属盐被还原成相应的金属单质,通过调控实验条件可以一步制备贵金属/导电聚合物核壳复合纳米结构。Chen 等人首次报道了在 PVP 存在的条件下,硝酸银与吡咯单体发生氧化还原反应,制备 Ag/PPy 纳米电缆,得到的核壳纳米电缆是由直径在 20.0 nm 左右的 Ag 纳米线核和厚度在 50.0 nm 左右的 PPy 壳层组成的。PVP 对反应过程中 Ag 不同晶面的生长速率起着动力学调控的作用。一步法实验步骤简单方便,因此被广泛研究。但是它对实验条件要求苛刻,且产物形貌不易控制,它的应用面临巨大的挑战。相比之下,后聚合法的应用性更强,得到的产物形貌可控,且各组分间比例也很容易调节。用这种方法制备贵金属/导电聚合物微/纳米结构的过程如下:首先制备出具有特定形貌的贵金属微/纳米结构,然后在贵金属微/纳米结构表面聚合生成导电聚合物壳层。Wu 等人利用后聚合法在 PVP 保护的金超粒子(SP)表面均匀地包覆了约为 20.0 nm 厚的 PPy 壳层。所制备的 SP/PPy 核壳结构具有很好的水分散性,并且在长时间(半年多)内都能很稳定地存在。对亚甲基蓝的催化降解实验表明,通过包覆 PPy 壳层,SP 的长程化学稳定性得到了很大的提高。

1.3.3 与金属氧化物的复合

导电聚合物与金属氧化物,尤其是过渡金属氧化物的纳米复合物可应用在催化、传感器、能源等领域。导电聚合物与金属氧化物的复合方式主要分为三种:第一种是将导电聚合物包覆在金属氧化物表面,形成核壳结构;第二种是金属氧化物以分散相形式分布在连续的导电聚合物微/纳米结构内部;第三种是在导电聚合物微/纳米结构表面生长金属氧化物粒子或其他纳米结构。不同复合方式,制备方法也不相同。在导电聚合物表面生长金属氧化物纳米结构主要依赖于无机金属氧化物的制备方法,本书对此不进行细说。制备核壳结构的方法主要有两种,其一是湿化学法,其二是化学气相聚合法。后者制备核壳结构的一个明显的缺点是导电聚合物壳层的厚度不易控制,而前者则可简单地通过调节聚合物单体浓度或聚合时间有效地控制得到的导电聚合物壳层的厚度。

湿化学法可细分为表面活性剂诱导的原位聚合法、超声支持的原位聚合法、水热合成法、自组装法(无表面活性剂)等。例如,Wang 研究小组以四氧化三铁(Fe_3O_4)微球为模板,在超声条件下制备了橘子状的 Fe_3O_4/PPy 复合微球。在该复合微球中,Fe_3O_4 粒子起着“种子”的角色,而 PPy 组分则担当着“果肉和果皮”的角色。其具体生长机理如下：在超声的作用下，吡咯单体分子扩散到 Fe_3O_4 微球内部空隙中；同时在酸性条件下，Fe_3O_4 部分溶解产生 Fe^{3+}，它会引发吡咯分子在微球内部及表面发生聚合，最终生成这种橘子状结构。当利用强酸性溶液将 Fe_3O_4 组分溶解后，就得到了多孔的 PPy 微球。

1.3.4 与硫属化合物的复合

硫属化合物主要包括金属硫化物、金属硒化物等，它们是典型的 n 型半导体。它们与导电聚合物结合生成的微/纳米复合物在纳米电子器件、太阳能电池、二次电池和传感器等方面具有很好的应用潜力。与金属氧化物相似，金属硫化物也可以通过自组装法引入到导电聚合物内部。但是为了能使金属硫化物均匀地分散在导电聚合物微/纳米结构内部，通常需要对金属硫化物纳米结构表面进行化学修饰。我们研究小组成功地利用巯基乙酸对硫化镉（CdS）纳米粒子进行修饰。修饰后的硫化镉纳米粒子表面带有大量的羧基，与苯胺单体间存在着较强的氢键或静电作用力，加入氧化剂后苯胺单体自组装聚合成纳米线结构。由于两者有较强的结合力，硫化镉纳米粒子均匀地分散在 PANI 纳米线中。同时，PANI 的形貌强烈依赖于与硫化镉纳米粒子的物质的量比。

将导电聚合物包覆到金属硫化物表面可以制备核壳复合结构。Jing 等人将硫化铅（PbS）八面体纳米晶体分散到吡咯单体的水溶液中，吡咯分子与 PbS 表面间的静电相互作用促使吡咯分子吸附在 PbS 纳米晶体表面，然后加入 APS 水溶液引发吡咯原位聚合，制备了 PbS/PPy 复合核壳八面体结构。该结构中，PPy 均匀地包覆在 PbS 纳米晶体表面。利用原位界面聚合法和水热合成法也可以制备硫化物/导电聚合物核壳结构。

p-n 结在现代电子应用领域中起着重要的作用，是材料研究领域的热点之一。导电聚合物（如 PANI 和 PPy）是一种 p 型半导体，而金属硫化物是 n 型半导体，两者结合生成的异质结纳米线是一种很好的制备光控二极管的材料。Li 所在的小组利用模板法合成了 CdS-PPy 异质 p-n 结纳米线。

1.3.5 多组分复合物

综上所述,许多材料都可以与导电聚合物结合形成纳米复合物。然而这些复合物通常只是两种材料的复合,即在导电聚合物内部或表面引入另一种功能性纳米组分,从而扩展导电聚合物的性能。在实际应用中,材料需要具备多功能性,有时只引入一种组分往往不能够满足这种需求,这时就需要将两种或两种以上的纳米组分引入到导电聚合物材料中。例如,在导电聚合物基体中引入贵金属和磁性纳米粒子能够满足人们对材料同时具备导电性、磁性分离和催化性能的要求。Xuan 等人利用超声支持的原位聚合法制备了 Fe_3O_4@ PANI 复合核壳微球,并以此复合物为载体吸附带有负电荷的 Au 纳米粒子制备了 Fe_3O_4@ PANI@ Au 三元复合微球。该复合微球对硼氢化钠($NaBH_4$)还原 RhB 具有很好的催化活性,同时由于它具有磁性,催化反应结束后极易从反应体系中分离出来,即具有很好的回收利用性。

1.4 导电聚合物纳米复合材料的应用

由于兼具纳米结构的多种效应和无机组分的功能性,并且组分之间存在一定的协同作用,导电聚合物/无机物纳米复合材料跟单一材料相比,具有更优异的化学、光学、电学和传感性能。它在催化、传感器、太阳能电池、二次电池、超级电容器等方面都具有很好的应用前景。但在本小节中,我们主要讨论它在催化和传感器两个方面的应用。

1.4.1 催化方面的应用

催化主要分为三种:电化学催化(简称电催化)、化学催化和光催化。我们分类加以说明。

电催化的含义可以理解为:在电场作用下,存在于溶液相中或电极表面的修饰物(即电极修饰材料)能促进或抑制发生在电极表面的电子转移反应,而它们自身并不发生变化的一类化学作用。电催化的目的是提供一些有效的活化途径以降低分析物电极反应的活化能，从而使这些电极反应以高电流密度在平衡电势附近发生。电极修饰材料（也可称为电催化剂）是实现电催化过程的决定因素。由于纳米材料具有粒径小、表面能高、原子配位不足等特点，因此其表面原子活性高，很容易与其他物质发生电子传递，可作为一类新型电极修饰材料。金属纳米材料和金属氧化物纳米材料也是两类很重要的电极修饰材料。研究表明，它们的粒径和暴露晶面对电催化效果有很大影响。一般来说，粒径越小其催化活性越高。在本书的 1.3.2 中提到，导电聚合物与无机物复合，可以有效抑制无机纳米粒子的聚集，并且由于导电聚合物具有良好的导电性，有利于电子传递，因此被广泛地应用在电化学催化领域，主要作为甲酸、甲醇等燃料电池的阳极催化剂和一些生物小分子的氧化或还原反应催化剂。

导电聚合物纳米复合材料可作为化学催化剂，用于催化各类有机分子的合成和氧化还原反应，其中对 Heck 反应和 Suzuki 偶联反应的研究最多。

将 PANI 与具有光催化活性的无机纳米组分复合作为光催化剂，一方面，PANI 良好的电导性能促进无机纳米组分中光生电子和空穴的有效分离，提高光量子效率；另一方面，由于 PANI 在可见光区有一定的吸收，可以扩展复合光催化剂的响应光区。

1.4.2　传感器方面的应用

传感器主要分为以下几类：化学传感器、光学传感器和电化学传感器等。其中，化学传感器可以细分为气体传感器和湿敏传感器。导电聚合物纳米复合物在这类传感器上的应用主要依据导电聚合物可逆的氧化还原状态及相应电导率的变化。导电聚合物纳米复合物作为化学传感器，具有响应速度快、灵敏度高和选择性好等特点。

在电化学传感器方面，导电聚合物纳米复合物主要应用于定量检测一些有害物质或对生命活动有重要作用和影响的物质，包括小分子（如肼、羟胺、H_2O_2 等）和生物活性分子（如多巴胺、抗坏血酸、葡萄糖、DNA、胆固醇等）。例如，Li

等人将预先制备好的 PPy 纳米颗粒修饰到玻碳电极(GCE)表面,然后利用电化学沉积法制备了 Pt/PPy 纳米复合物,测试了该复合物修饰电极对羟胺氧化反应的催化活性。测试结果表明,与纯的裸玻碳电极、PPy 修饰电极和 Pt 纳米粒子修饰电极相比,他们制备的 Pt/PPy 纳米复合物对羟胺的氧化具有更好的电催化活性,可用于羟胺的电化学传感检测,其检测线性范围很宽,灵敏度很高,检测限很低。

1.5 本书的主要内容

科学技术的进步使得材料朝着高性能和小尺度方向发展。随着纳米技术的诞生与快速发展,纳米材料已经在电子、化工、机械、医药、军工等领域得到了一定的应用并展现了优异的性能。自 20 世纪 70 年代被发现以来,导电聚合物因其导电性、氧化还原特性及在很多领域的潜在应用性被广泛研究。在过去的十几年里,大量不同形貌的导电聚合物(尤其是 PANI 和 PPy)微/纳米结构被合成出来,并且体现出了较粉末更加优异的化学、电学及传感性能。然而,在寻求某一方面高性能的同时,在实际应用中往往也追求材料的多功能性。因此,将功能性的无机纳米组分同导电聚合物复合,制备导电聚合物/无机物复合纳米材料已经成为当前材料制备领域的研究热点之一。制备导电聚合物/无机物复合纳米材料有很多种方法,不同方法制备出的复合物中,组分间的结合方式和结合力不同,使得复合材料的性质也不同。通过改变制备方法提高组分的分散性及组分间的结合程度和结合力,有利于实现复合材料组分间的协同作用,可制备出高性能的多功能导电聚合物复合纳米材料。此外,无机纳米组分的粒径对复合材料性能的影响也很大。通常情况下,无机纳米结构的粒径越小,复合材料的性能越好。因此,通过控制实验方法和条件制备出粒径较小且分布均匀的无机纳米材料是导电聚合物/无机物复合纳米材料研究领域一个很重要的研究课题。

因此在本书中,我们希望通过不同的制备方法可以产生以下两方面的效果:

(1)通过控制无机组分的生长速率和生长环境等条件,制备出粒径较小且分布均匀的无机纳米粒子，从而得到高性能的复合纳米材料；

（2）通过改变实验方法制备出组分间结合力强且相容性好的导电聚合物/无机物复合纳米材料，以期实现组分间的协同效应，得到综合性能优异的纳米复合材料。

具体思路如下。

（1）采用表面活性剂诱导聚合法制备四氧化三铁/聚吡咯（Fe_3O_4/PPy）复合微球，并以此复合微球为载体，甲酸为还原剂，在 PPy 壳层表面负载铂（Pt）纳米粒子。期望通过复合微球载体的稳定作用，能够制备出高密度、小粒径的 Pt 纳米粒子。同时，研究该复合微球对 H_2O_2 的电催化性质，期望制备出一种结构新颖且性能优良的电极修饰材料。

（2）通过静电纺丝技术与化学气相聚合法相结合的方法制备聚吡咯/二氧化钛（PPy/TiO_2）复合纳米纤维。我们希望通过这种特殊的方法得到 PPy 与 TiO_2 两种组分分布均匀的复合纳米纤维。然后，以此复合纳米纤维为纳米反应器，利用 PPy 组分的还原性以及复合纤维的空间限域作用制备小粒径且分布均匀的 Pd 纳米粒子。同时，研究得到的三元复合纳米纤维（PPy/TiO_2/Pd 复合纳米片）作为催化剂对对硝基苯酚加氢还原反应的化学催化性质。希望 TiO_2 组分的存在能够抑制催化剂在催化反应中的中毒现象，从而得到高性能的复合纳米催化剂。

（3）首先通过简单的快速混合法制备 PANI 纳米纤维，然后通过去掺杂-再掺杂过程制备巯基乙酸掺杂的 PANI 纳米纤维。接着，利用与 PANI 以离子键形式相连的巯基乙酸作为硫源，通过水热合成反应制备聚苯胺/硫化铜（PANI/Cu_9S_5）复合纳米纤维。希望通过这种制备方法能够获得组分间结合力强且相容性好的复合纳米材料。同时，对该复合材料的类过氧化物酶催化性质进行简单的研究，希望组分间的协同效应能够很好地体现出来。

（4）以 PANI 纳米纤维为载体及还原剂，通过将三价铁离子还原缓慢释放二价铁离子的方式降低普鲁士蓝（PB）的生成速率，希望能够得到粒径较小且分布均匀的 PB 纳米粒子。并对该复合纳米纤维的类过氧化物酶催化性质进行进一步研究，以期它能够作为 H_2O_2 的比色检测试剂对低浓度的 H_2O_2 进行检测。

(5)通过原位氧化聚合的方法制备氧化石墨/聚苯胺(GO/PANI)复合纳米片,并利用该复合纳米片作为载体和还原剂制备 PB 纳米粒子。希望复合纳米片大的比表面积可以负载大量粒径小且均匀的 PB 纳米粒子。同时,对该三元复合纳米片(GO/PANI/PB 复合纳米片)的电化学催化性质进行研究,希望能够得到高催化性能的电极修饰材料。

第2章　聚吡咯/铂复合空心微球的制备与电化学催化性质的研究

在过去的几十年里,复合纳米材料的制备已成为最受关注的研究热点之一,这主要得益于复合材料可将各个组分的不同性质集于一身。在复合纳米材料中,导电聚合物/金属复合纳米材料因在催化、传感器和其他方面的广泛应用,受到了越来越多的关注。近年来,随着直接甲醇燃料电池和生物传感器的快速发展,人们对铂(Pt)纳米粒子及Pt基纳米结构的探索和开发兴趣日益浓厚。作为一种电催化材料,Pt纳米粒子及Pt基纳米结构不仅具有良好的生物相容性,还拥有大的比表面积和优异的电催化活性。研究表明,Pt纳米粒子的粒径与形状对其电化学催化性能具有显著影响。通常Pt纳米粒子的粒径越小,比表面积越大,其催化性能越好。因此,制备粒径小于10.0 nm的Pt纳米粒子对于推动其在电催化领域的应用具有重大意义。

由于具有较高的导电率、良好的环境稳定性和简单的制备过程,导电聚合物自被发现以来就成为了科学家们研究的热点。此外,经证明,它们是金属纳米粒子的良好载体,因为导电聚合物不但可以有效地抑制金属纳米粒子的聚集,还可以促进催化过程中电子的传递。在导电聚合物中,PPy被认为是最有希望应用于电催化等领域的材料之一。目前,作为导电基底,PPy已被成功地应用于负载贵金属纳米粒子,如金(Au)、银(Ag)、钯(Pd)、铑(Rh)和Pt。其中,采用不同PPy纳米结构(如纳米膜、纳米线、纳米颗粒等)负载Pt纳米粒子所制备的复合材料,作为电极修饰材料,在硝酸根的还原、甲醇及葡萄糖的氧化等反应中均展现出良好的催化活性。

因此,在本章中,我们将采用表面活性剂诱导聚合的方法,制备具有核壳结构的Fe_3O_4/PPy复合微球,并以甲酸为还原剂,在复合微球的表面,生长Pt纳米粒子。我们期望PPy基底能够有效地抑制Pt纳米粒子的聚集,从而制备出具有负载密度高且粒径小于10.0 nm的Pt纳米粒子的复合材料。此外,我们还将进一步研究所得复合材料的电化学性质,旨在开发出一种新型且高效的电极修饰材料。

2.1 实验部分

2.1.1 实验试剂

本章所使用的试剂,除吡咯单体外,其他均可直接用于实验,无须进一步提纯。实验室用水为自制的蒸馏水。

2.1.1.1 吡咯单体

本章所用吡咯单体在使用前需进行减压蒸馏以提纯。

2.1.1.2 六水合三氯化铁

本章所用六水合三氯化铁($FeCl_3 \cdot 6H_2O$,≥99.0%)为分析纯试剂(AR)。

2.1.1.3 聚乙二醇

本章所用聚乙二醇的平均相对分子质量为19 000。

2.1.1.4 无水乙酸钠

本章所用无水乙酸钠(≥99.0%)为分析纯试剂。

2.1.1.5 乙二醇

本章所用乙二醇为分析纯试剂。

2.1.1.6 六水合氯铂酸

本章所用六水合氯铂酸($H_2PtCl_6 \cdot 6H_2O$)为分析纯试剂。

2.1.1.7 十二烷基磺酸钠

本章所用十二烷基磺酸钠(SDS,≥97.0%)为分析纯试剂。

2.1.1.8　无水乙醇

本章所用无水乙醇(≥99.7%)为分析纯试剂。

2.1.1.9　甲酸

本章所用甲酸(≥95.0%)为分析纯试剂。

2.1.1.10　过氧化氢

本章所用过氧化氢(H_2O_2,≥30.0%)为分析纯试剂。

2.1.1.11　铁氰化钾

本章所用铁氰化钾{$K_3[Fe(CN)_6]$,≥99.5%}为分析纯试剂。

2.1.1.12　二水合磷酸二氢钠

本章所用二水合磷酸二氢钠($NaH_2PO_4 \cdot 2H_2O$)可直接使用。

2.1.1.13　十二水合磷酸氢二钠

本章所用十二水合磷酸氢二钠($Na_2HPO_4 \cdot 12H_2O$,≥99.0%)为分析纯试剂。

2.1.2　材料制备

2.1.2.1　四氧化三铁微球的制备

直径在200~400 nm范围内的Fe_3O_4微球通过水热合成法制备。具体制备步骤如下:首先,将1.350 g $FeCl_3 \cdot 6H_2O$加入到40.0 mL乙二醇中,并通过超声处理使其完全溶解。随后,在持续搅拌条件下,依次加入1.000 g聚乙二醇和3.600 g无水乙酸钠,继续剧烈搅拌30 min。之后,将混合液转移到50.0 mL聚四氟乙烯内衬的反应釜中,密封后置于 200 ℃条件下反应 8 h。反应结束后,利用外加磁场将产物分离,并分别用蒸馏水和乙醇洗涤数次。最终,将产物在真空条件下于 50 ℃干燥 6 h,即可得到 Fe_3O_4 微球。

2.1.2.2 四氧化三铁/聚吡咯复合微球的制备

首先,称取 0.005 0 g 十二烷基磺酸钠,将其加到 50.0 mL 蒸馏水中,并通过超声处理使其充分溶解。随后,将 0.025 0 g 的 Fe_3O_4 微球加入上述溶液中,再次超声处理以确保其分散均匀,并剧烈搅拌 2 h。搅拌结束后,超声处理 10 min,紧接着加入 0.050 0 g 吡咯单体。将混合液置于冰箱(0~5 ℃)中,冷却 5~8 min。之后,取出混合液并逐滴加入 $FeCl_3 \cdot 6H_2O$(0.201 4 g)的水溶液(5.0 mL)并超声处理 5~10 min,继续搅拌反应 2 h。反应完成后,利用外加磁场将产物分离,并用蒸馏水和乙醇分别洗涤三次。最后,将产物置于真空条件下于 50 ℃干燥过夜,即可得到 Fe_3O_4/PPy 复合微球。

2.1.2.3 聚吡咯/铂复合空心微球的制备

称取 0.018 g Fe_3O_4/PPy 复合微球,超声分散到 10.0 mL 蒸馏水中。随后,称量 0.032 g $H_2PtCl_6 \cdot 6H_2O$ 并溶于 10.0 mL 蒸馏水中,加入到上述分散液中。水浴 80 ℃的条件下向混合液中加入 1.0 mL 甲酸,并搅拌反应 30~40 min。然后停止加热,继续搅拌反应 2~3 h。产物离心分离,并分别用水和乙醇洗涤数次。最后,将产物在真空条件下于 50 ℃干燥过夜,即可得到 PPy/Pt 复合空心微球。

2.1.2.4 电极的修饰

将 PPy/Pt 复合空心微球制备成 5.00 $mg \cdot mL^{-1}$ 的乙醇分散液,然后取 4.5 μL 该分散液与 0.5 μL 全氟磺酸基聚合物(5%)溶液混合。在修饰之前,需使用 Al_2O_3 抛光粉对玻碳电极(粒径为 0.05 μm、0.30 μm、1.00 μm)进行抛光处理。之后,将混合液滴加到处理好的电极表面,待其自然干燥后进行电化学测试。

对于H_2O_2的电化学催化研究,采用标准的三电极体系:铂丝电极为对电极,Ag/AgCl电极为参比电极,玻碳修饰电极(直径为3.0 mm)为工作电极。电解液为0.10 mol·L^{-1} PBS缓冲溶液(pH=7.0)。该缓冲溶液由0.10 mol·L^{-1} NaH_2PO_4和0.10 mol·L^{-1} Na_2HPO_4按一定比例混合配制而成。实验中所需的H_2O_2溶液由30% H_2O_2溶液现用现配。

2.1.3 实验仪器

(1)超声波清洗器(功率50 W);

(2)高速冷冻离心机;

(3)真空干燥箱;

(4)扫描电子显微镜(SEM);

(5)透射电子显微镜(TEM,加速电压为200 kV);

(6)X射线光电子能谱仪(XPS);

(7)电感耦合等离子体原子发射光谱仪(ICP);

(8)X射线衍射仪(XRD,Cu Kα的波长为1.541 8 Å);

(9)傅里叶变换红外光谱仪(FTIR);

(10)电化学工作站。

2.2 结果与讨论

2.2.1 聚吡咯/铂复合空心微球的形貌与形成机理

图2-1展示了Fe_3O_4/PPy复合微球和PPy/Pt复合空心微球的制备过程。由该图可知,采用湿化学法,以Fe_3O_4微球作为牺牲模板制备PPy/Pt复合空心微球的过程主要分为两个步骤:第一步,在阴离子表面活性剂存在的条件下,通过化学氧化聚合法成功制备出具有核壳结构的Fe_3O_4/PPy复合微球;第二步,

在 PPy 壳层表面,利用甲酸作为还原剂,将 H_2PtCl_6 原位还原,从而生成 Pt 纳米粒子。同时,吡咯在聚合过程中、甲酸在反应过程中均会释放出大量的 H^+,导致 Fe_3O_4 微球在反应过程中逐渐被溶解,最终得到 PPy/Pt 复合空心微球。

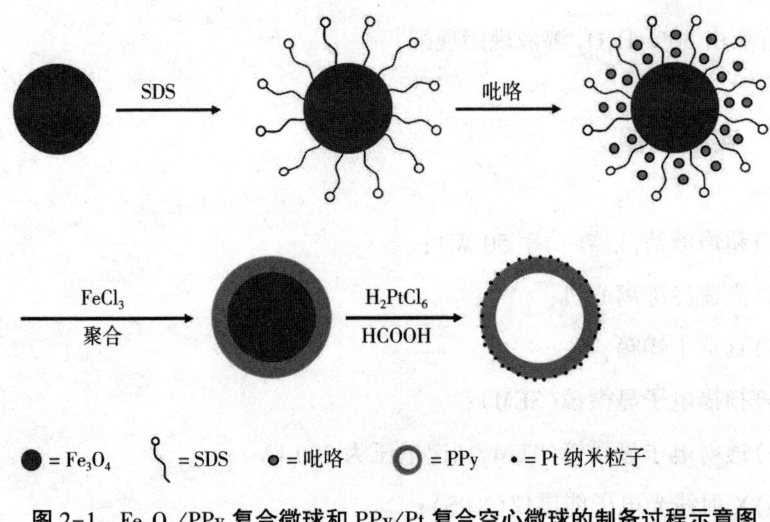

图 2-1 Fe_3O_4/PPy 复合微球和 PPy/Pt 复合空心微球的制备过程示意图

我们利用扫描电子显微镜和透射电子显微镜对产物形貌进行了深入研究。图 2-2 是 Fe_3O_4、Fe_3O_4/PPy 以及 PPy/Pt 复合物的 SEM 图。由图可以看出,三种产物均呈现球状形态。Fe_3O_4 球体表面光滑,而在其上生长 PPy 壳层以及 Pt 纳米粒子后,其表面光滑度有所降低。进一步地,图 2-3 为这三种产物的 TEM 图。由图可知,Fe_3O_4 微球的直径在 200~400 nm 之间。当外层包覆一层 PPy 后,产物展现出明显的核壳结构,壳层厚度在 40~60 nm 之间。特别地,在图 2-3(c)中,我们注意到,在修饰 Pt 纳米粒子后,Fe_3O_4 核被溶解,形成了空心球壳结构。放大的 TEM 图[图 2-3(d)]显示,大量的 Pt 纳米粒子均匀地分布在壳层表面,只有少量聚集体产生。

此外,ICP 分析结果显示,所得的 PPy/Pt 复合空心微球中,Fe 元素的质量百分数只有 1.76%,而 Pt 元素的质量百分数则高达 68.33%。这一数据有力地支持了透射电子显微镜的观测结果，即最终产物中 Fe_3O_4 核基本消失，并有大量的 Pt 生成。

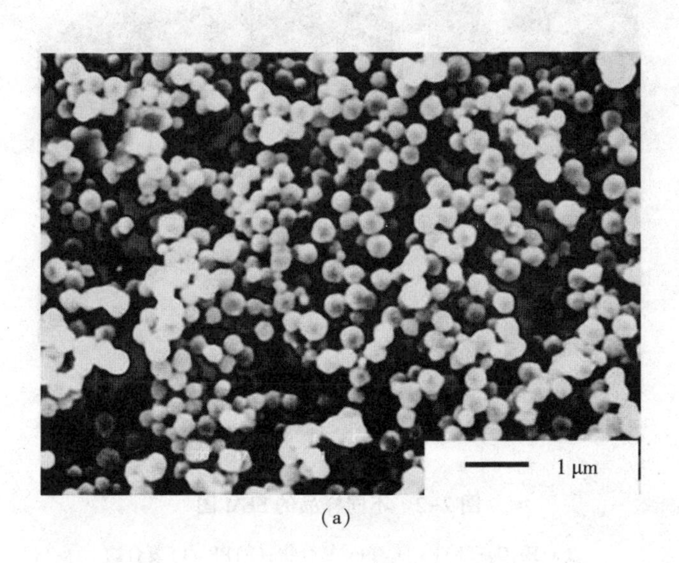

(a)

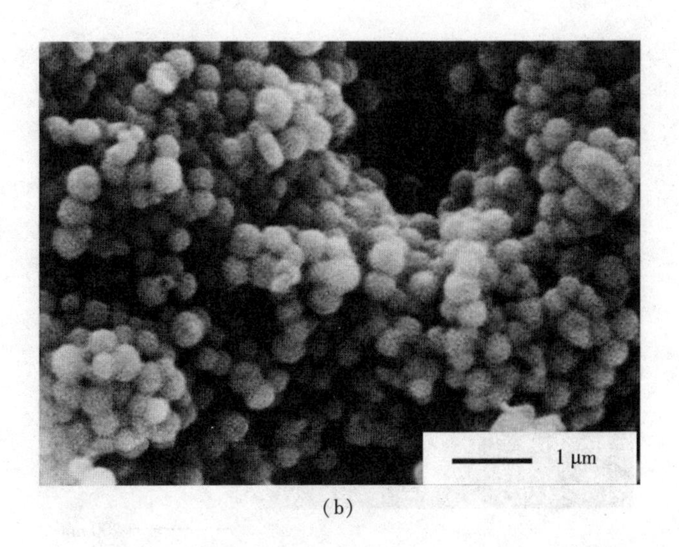

(b)

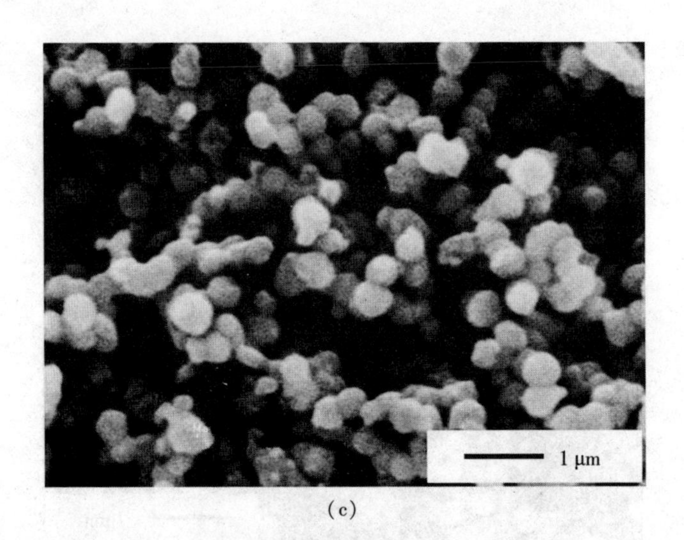

(c)

图 2-2　不同样品的 SEM 图

(a)Fe_3O_4;(b)Fe_3O_4/PPy 复合物;(c)PPy/Pt 复合物

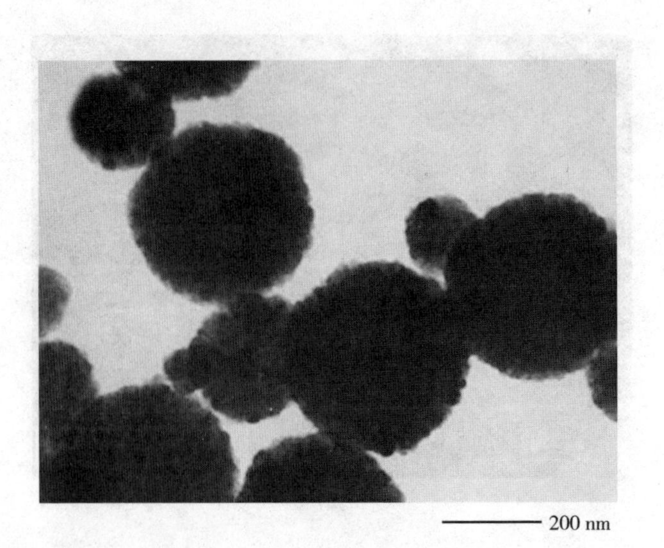

(a)

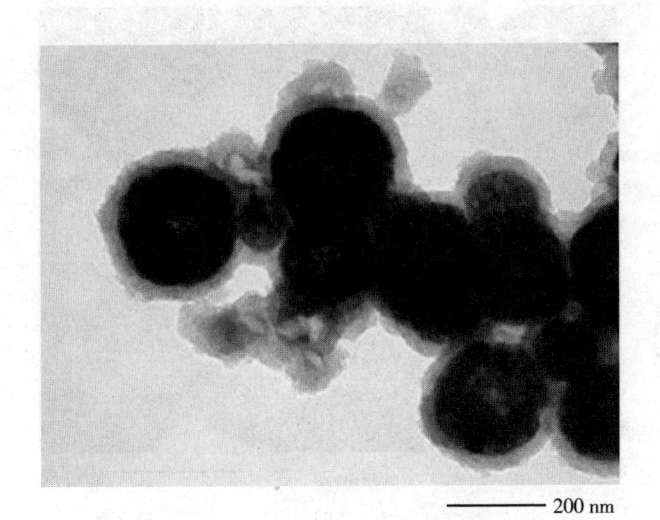

(b)

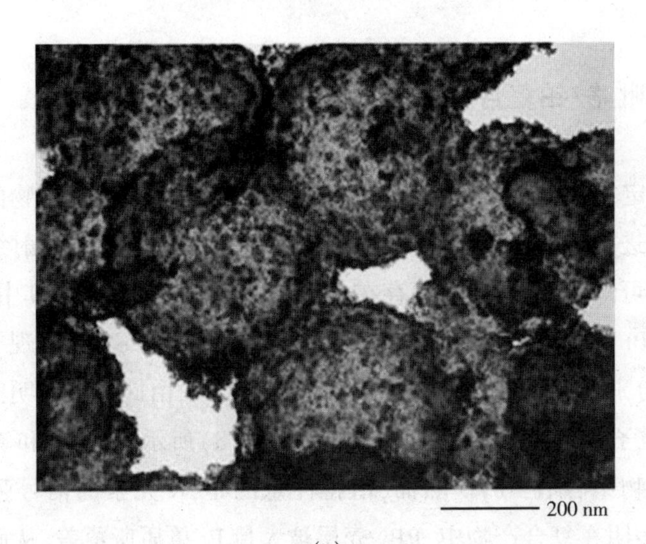

(c)

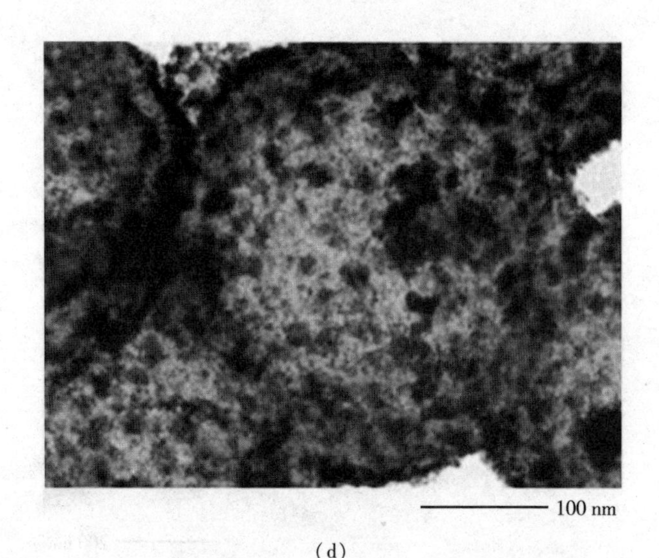

(d)

图 2-3　不同样品的 TEM 图

(a) Fe_3O_4;(b) Fe_3O_4/PPy 复合物;(c)和(d)PPy/Pt 复合物

2.2.2　聚吡咯/铂复合空心微球的化学组成及结构表征

为了确定复合空心微球中 Pt 和 PPy 的存在,我们对复合产物的表面元素种类和价态进行了研究。图 2-4 为 PPy/Pt 复合空心微球的 X 射线光电子能谱图。由图可知,复合产物表面存在 Pt、C、O 和 N 四种元素。其中,如图 2-4(a)所示的 Pt 4f X 射线光电子能谱在 73.1 eV 和 76.4 eV 处呈现了两个尖锐的特征峰,分别对应于单质 Pt 的 Pt $4f_{7/2}$ 和 Pt $4f_{5/2}$,由此可以证明产物中生成了 Pt 纳米粒子。同时,如图 2-4(b)与图 2-4(d)所示,C 元素和 N 元素的存在证明复合物中含有 PPy。然而,值得注意的是,N 元素的信号强度相对较弱,这间接表明在复合产物中,PPy 壳层被大量 Pt 单质所覆盖,从而导致 N 元素信号弱。

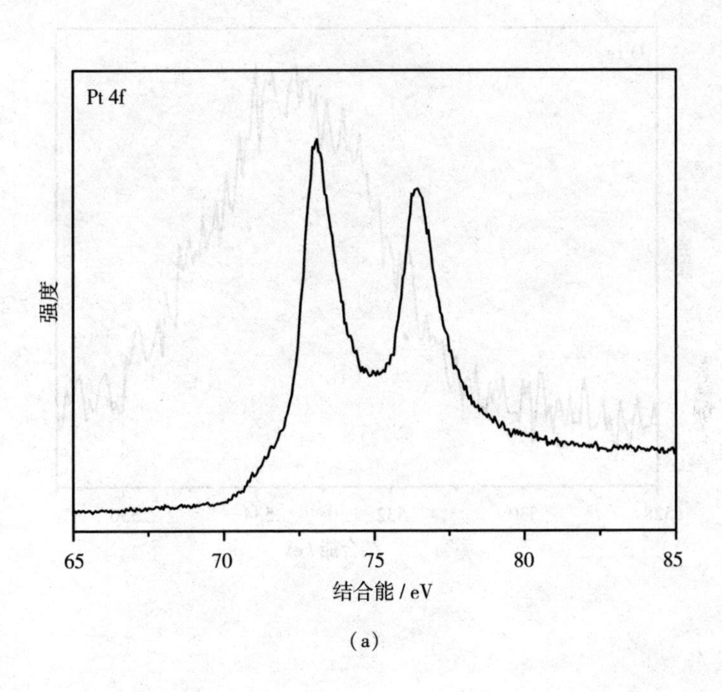

(a)

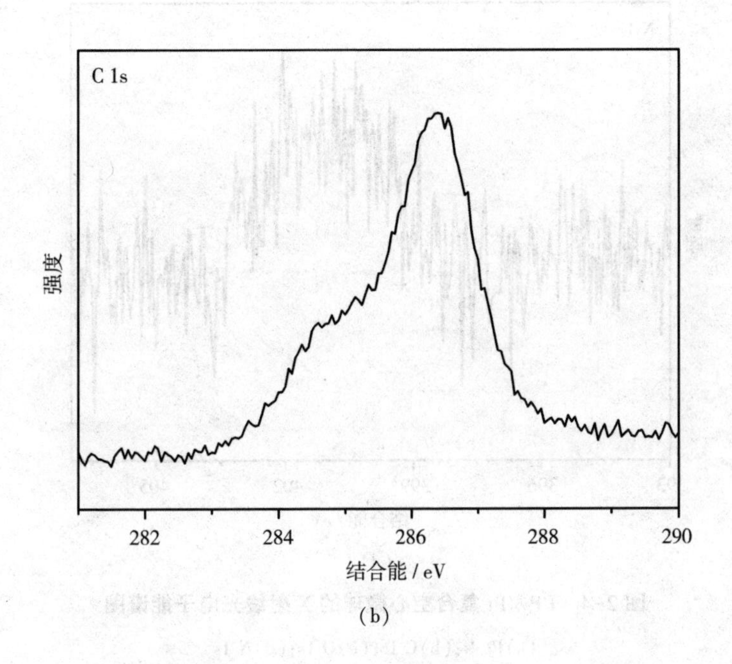

(b)

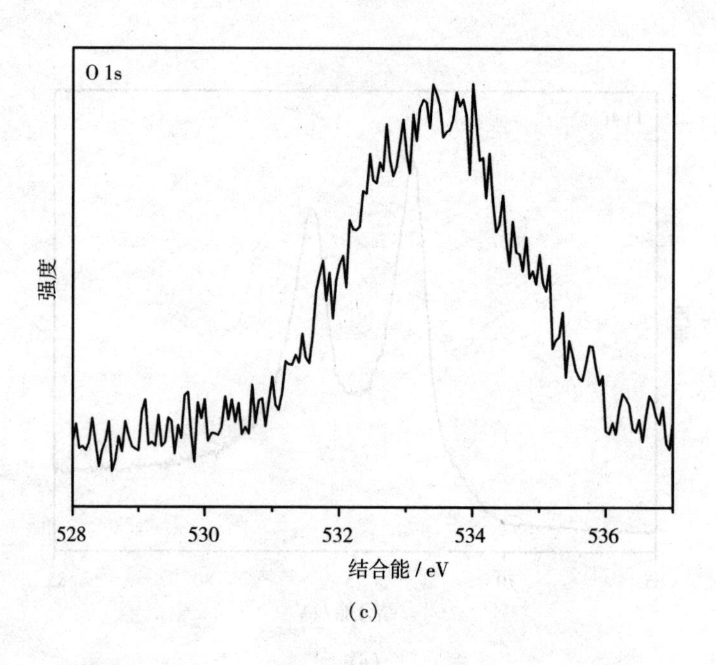

(c)

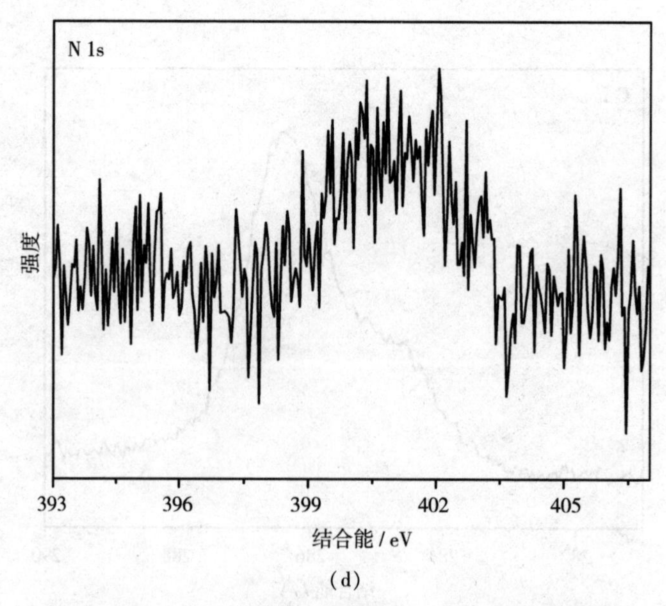

(d)

图 2-4　PPy/Pt 复合空心微球的 X 射线光电子能谱图

(a) Pt 4f; (b) C 1s; (c) O 1s; (d) N 1s

另外,我们还利用傅里叶变换红外光谱仪和X射线衍射仪等测试技术对复合产物的化学组成及结晶形态进行了进一步的研究。如图2-5中曲线a所示,Fe_3O_4/PPy复合微球的傅里叶变换红外光谱中明确显示出对应于PPy的特征峰,分别位于1 564 cm^{-1}(吡咯环中C=C伸缩振动)、1 456 cm^{-1}(吡咯环中C—C伸缩振动)、1 338 cm^{-1}(C—N伸缩振动)、1 068 cm^{-1}(C—H变形振动)、846 cm^{-1}(C—H平面外变形振动)和3 461 cm^{-1}(N—H伸缩振动)。相比之下,PPy/Pt复合空心微球的傅里叶变换红外光谱[如图2-5中曲线b所示]并未展现出明显的变化,这说明产物中的Pt纳米粒子与PPy壳层之间没有化学键作用。

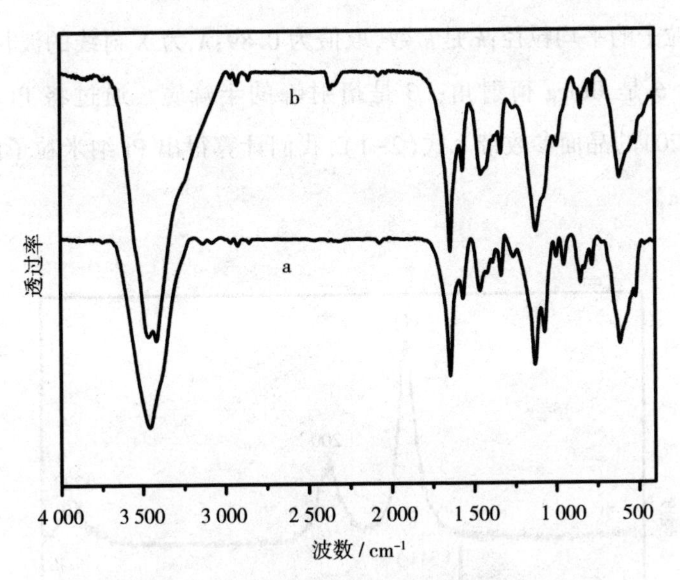

图2-5 不同样品的傅里叶变换红外光谱图

(a)Fe_3O_4/PPy复合微球;(b)PPy/Pt复合空心微球

图2-6为Fe_3O_4/PPy复合微球和PPy/Pt复合空心微球的XRD谱图。在图2-6曲线a中,Fe_3O_4/PPy复合微球的XRD谱图显示,位于$2\theta=30.0°$的衍射峰对应于Fe_3O_4的(220)晶面,$2\theta=35.4°$的衍射峰对应于Fe_3O_4的(311)晶面,$2\theta=36.9°$的衍射峰对应于Fe_3O_4的(222)晶面,$2\theta=42.8°$的衍射峰对应于Fe_3O_4的(400)晶面,$2\theta=53.3°$的衍射峰对应于Fe_3O_4的(422)晶面,$2\theta=56.8°$的衍射峰对应于Fe_3O_4的(511)晶面,$2\theta=62.4°$的衍射峰对应于

Fe_3O_4 的(440)晶面和 Bragg 特征衍射峰(JCPDS card No. 75-1609)。然而,在图 2-6 中,曲线 b 即 PPy/Pt 复合空心微球的 XRD 谱图中,原本对应于 Fe_3O_4 的特征衍射峰全部消失,而在 $2\theta=39.7°$、46.2°和 67.4°处出现了新的衍射峰,这些峰分别对应于面心立方结构单质 Pt 的(111)(200)和(220)晶面(JCPDS card No. 04-0802)。这些结果表明在修饰 Pt 纳米粒子后,复合微球中的 Fe_3O_4 核已完全溶解。式(2-1)为 Scherrer 方程,我们可根据该式计算复合产物中 Pt 纳米粒子的平均粒径。

$$D=\frac{k\lambda\times 57.3}{\beta\cos\theta} \tag{2-1}$$

其中,D 为粒子的平均粒径;k 是常数,取值为 0.89;λ 为 X 射线的波长,取值为 1.541 8 Å;θ 是 Bragg 衍射角;β 是衍射峰的半峰宽。通过将 Pt 的(111)(200)和(220)的晶面参数带入式(2-1),我们计算得出 Pt 纳米粒子的平均粒径为 4.1 nm。

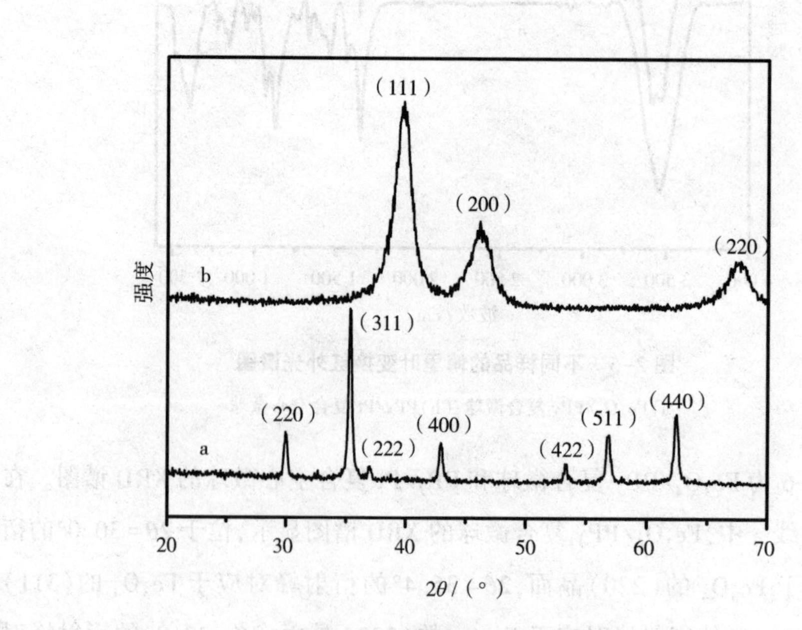

图 2-6 不同样品的 XRD 谱图

(a) Fe_3O_4/PPy 复合微球;(b) PPy/Pt 复合空心微球

2.2.3　聚吡咯/铂复合空心微球的电化学催化性质研究

众所周知,H_2O_2 不仅是工业生产的重要原料,还是很多生物氧化酶反应的副产物。作为一种潜在的工业废料,H_2O_2 广泛存在于雨水及地表水中。由于具有强氧化能力,它经常被用于水池消毒以及食品、饮料包装袋的灭菌处理。同时,研究表明,H_2O_2 与某些重大疾病的传播过程有关。因此,H_2O_2 的快速精确检测在食品安全、环境保护和临床医学等领域具有至关重要的意义。

H_2O_2 的传统检测方法主要包括滴定分析法、光谱法和化学荧光分析法。然而,这些方法普遍耗时较长,难以实现自动化检测,且易受外界因素干扰。相比之下,电化学分析法由于具有较高的灵敏度、良好的线性范围、快速而稳定的响应信号而被广泛应用。其中,基于辣根过氧化物酶(HRP)的修饰电极被广泛地应用于检测低浓度的 H_2O_2。然而,酶修饰电极对环境条件要求十分苛刻,如不耐高温,使用寿命短且固载过程往往较为烦琐。贵金属纳米粒子作为电极修饰材料,具有较高的灵敏度和良好的稳定性,相较于蛋白酶,具有更广阔的应用前景。

我们以合成的 PPy/Pt 复合空心微球作为无酶催化剂(即电极修饰材料),对其在 H_2O_2 电化学还原中的催化活性进行了研究。图 2-7 为在 0.1 mol · L^{-1} PBS(pH=7.0)缓冲溶液中,裸玻碳电极(GCE)(a)和 Pt/PPy 复合空心微球修饰电极(c)的循环伏安曲线,以及在含有 1.0 mmol · L^{-1} H_2O_2 的 0.1 mol · L^{-1} PBS 缓冲溶液中,裸玻碳电极(b)和 Pt/PPy 复合空心微球修饰电极(d)的循环伏安曲线。所有曲线的扫描速度均为 100 mV · s^{-1}。观察图中 a、b 两条循环伏安曲线,可以明显看出,裸玻碳电极对 1.0 mmol · L^{-1} 的 H_2O_2 仅表现出微弱的响应(没有出现明显的还原峰,并且在-0.1 V 电位下,还原电流只增加了 0.323 μA),这表明在裸玻碳电极表面,H_2O_2 的电化学还原过程几乎无法进行。然而,当使用 Pt/PPy 复合空心微球修饰电极并加入 1.0 mmol · L^{-1} H_2O_2 后,在-0.1 V 左右处出现了一个新峰,对应于 H_2O_2 的还原。此外,该新峰的峰电流与相同电位下裸玻碳电极的还原电流相比,显著增大，这些现象充分证明了我们制备的 PPy/Pt 复合空心微球对 H_2O_2 具有优异的电化学催化活性。这种优异的催化活性主要归功于 PPy 球壳表面高密度分布的 Pt 纳米粒子。

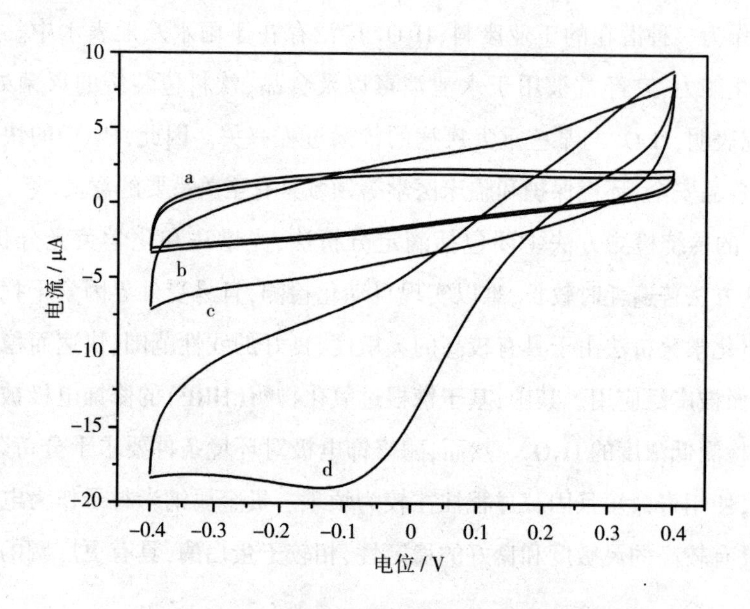

图 2-7　相同扫描速度下不同样品的循环伏安曲线

在(a)PBS 缓冲溶液和(b)含 H_2O_2 的 PBS 缓冲液中的裸玻碳电极；

在(c)PBS 缓冲溶液和(d)含 H_2O_2 的 PBS 缓冲液中的 Pt/PPy 复合空心微球修饰电极

我们进一步研究了扫描速度对还原峰电流的影响。如图 2-8 所示，在 1.0 $mmol \cdot L^{-1}$ H_2O_2 存在的条件下，随着扫描速度增加，阴极峰电流也逐渐增加。图 2-9 为 H_2O_2 的还原峰电流与扫描速度的线性拟合曲线。由该图可知，在 20~180 $mV \cdot s^{-1}$ 的扫描速度范围内，峰电流的增减与扫描速度的增减成正比关系，这表明修饰电极催化 H_2O_2 的还原是一个表面控制过程。

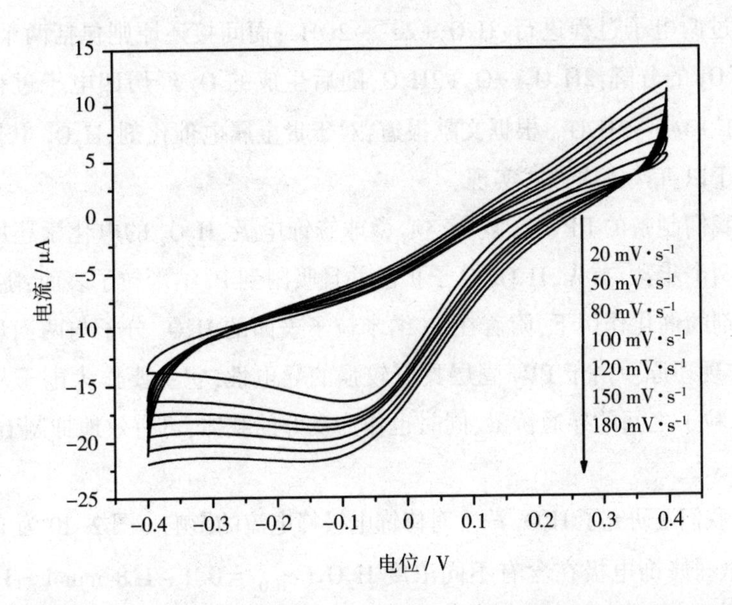

图 2-8　不同扫描速度下 Pt/PPy 复合空心微球修饰电极的循环伏安曲线

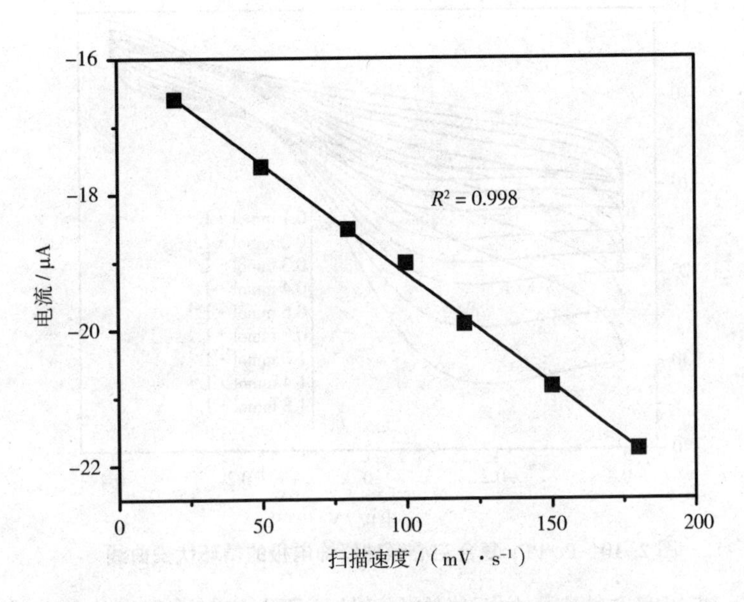

图 2-9　H_2O_2 的还原峰电流与扫描速度的线性拟合曲线

通常，H_2O_2 电化学还原过程可通过直接和间接两种方式来实现。其中，直接还原通过两电子过程进行：$H_2O_2+2e^- \rightarrow 2OH^-$；而间接还原则包括两个步骤，首先是 H_2O_2 的分解：$2H_2O_2 \rightarrow O_2+2H_2O$，随后生成的 O_2 经历四电子过程被还原：$O_2+4H^++4e^- \rightarrow 2H_2O$。根据文献报道，对于贵金属电催化剂，$H_2O_2$ 电化学还原更倾向于以直接还原方式实现。

针对我们制备的 PPy/Pt 复合空心微球修饰电极，H_2O_2 的电化学还原主要经历以下两个步骤：首先，H_2O_2 分子扩散并且吸附到 Pt 纳米粒子表面；随后，在复合催化剂的催化作用下，附着在 Pt 纳米粒子表面的 H_2O_2 分子与两当量的电子反应，实现还原。由于 PPy 壳层具有较强的导电性，它主要作为电子从溶液到 Pt 纳米粒子之间的导通桥梁，同时也作为良好的载体，可有效地抑制 Pt 纳米粒子聚集。

此外，我们还研究了 H_2O_2 浓度对修饰电极峰电流的影响。图 2-10 为 Pt/PPy 复合空心微球修饰电极在含有不同浓度 H_2O_2（$c_{H_2O_2}$ = 0.1 ~ 1.8 mmol · L^{-1}）的 0.1 mol · L^{-1} PBS 缓冲溶液（pH = 7.0）中的循环伏安曲线。由该图可知，随着 H_2O_2 浓度增加，还原峰强度逐渐增强，由最初的-7.85 μA 提升至-32.54 μA。

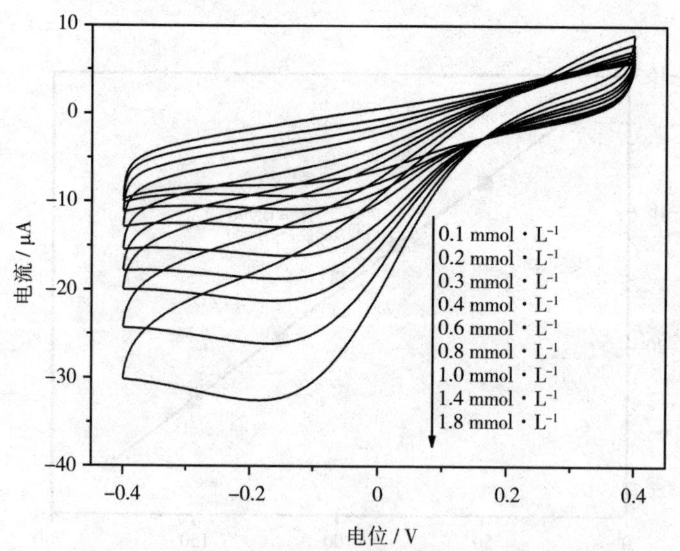

图 2-10　Pt/PPy 复合空心微球修饰电极的循环伏安曲线

为进一步探究在特定电位下修饰电极的还原电流对浓度变化的响应，我们在搅拌条件下，连续向 0.1 mol · L^{-1}PBS 缓冲溶液（pH=7.0）中注入一定量的

H_2O_2 溶液,并进行了相应的实验分析。

图 2-11 为在扫描速度为 100 mV · s^{-1}、固定电位为-0.1 V 的条件下,间隔特定时间向浓度为 0.1 mol · L^{-1} 的 PBS 缓冲溶液(pH = 7.0)中注入一定量的 H_2O_2 后,测试得到的 Pt/PPy 复合空心微球修饰电极的电流-时间(I-t)曲线。由该图可知,注入 H_2O_2 溶液后,修饰电极的还原电流迅速增大,并很快达到平衡状态,其响应时间(即达到 95%稳态电流响应值所需的时间)不超过 2 s。

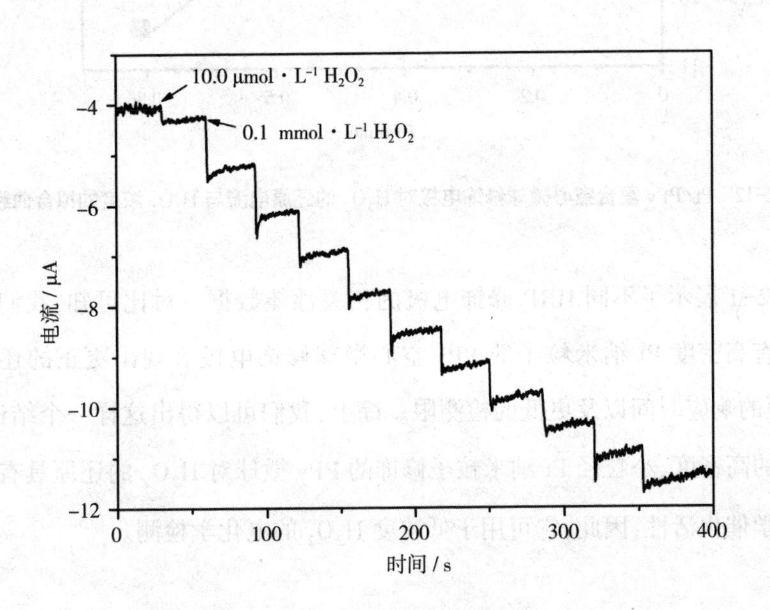

图 2-11 Pt/PPy 复合空心微球修饰电极的 I-t 曲线

由图 2-12 的线性拟合曲线可知,当 H_2O_2 浓度范围为 1.0~8.0 mmol · L^{-1} 时,Pt/PPy 复合空心微球修饰电极的还原电流与 H_2O_2 浓度之间呈现出良好的线性关系(R^2=0.997)。经过计算,其响应灵敏度为 80.4 μA · $mmol^{-1}$ · L · cm^{-2},检测限为 1.2 μmol · L^{-1}(基于信噪比为 3 的标准)。

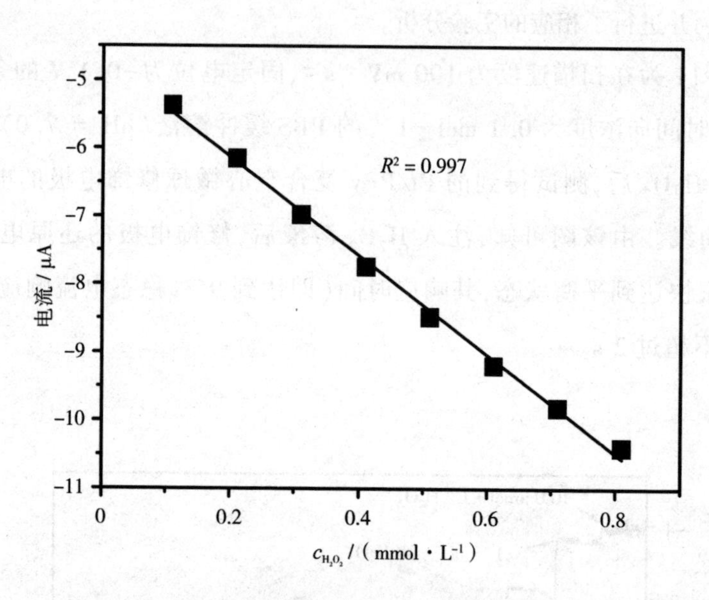

图 2-12　Pt/PPy 复合空心微球修饰电极对 H_2O_2 的还原电流与 H_2O_2 浓度的拟合曲线

表 2-1 展示了不同 HRP 修饰电极的相关性能数据。对比可知，我们制备的负载有高密度 Pt 纳米粒子的 PPy 空心微球修饰电极表现出更正的还原电位、更短的响应时间以及更低的检测限。综上，我们可以得出这样一个结论：我们制备的高密度、小粒径 Pt 纳米粒子修饰的 PPy 微球对 H_2O_2 的还原具有优异的电化学催化活性，因此，它可用于低浓度 H_2O_2 的电化学检测。

表 2-1　不同 HRP 修饰电极的相关性能数据表

电极材料	检测电位 /V	检测限[a]/(μmol · L^{-1})	响应时间[b]/s
HRP/SGCCN	−0. 25	12. 89	<4[c]
HRP/AuNP/ SGCCN	−0. 17*	6. 10	—
HRP/TCAP/GCE	−0. 20	200. 00	<10[c]
ZnO-AuNP-Nafion-HRP/GCE	−0. 30	9. 00	<5[c]

续表

电极材料	检测电位 /V	检测限[a]/ (μmol·L^{-1})	响应时间[b]/s
HRP-AuNP-SF/GCE	-0.60*	5.00	<8[d]
PPy/Pt/GCE	-0.10	1.20	<2[c]

注:①SGCCN——溶胶-凝胶法制备的陶瓷-碳纳米管。

②TCAP—— 5,2′:5′,2″-三噻吩-3′-碳酸聚合物。

③AuNP——金纳米粒子。

④SF——蚕丝蛋白。

a——基于信噪比为 3 的标准计算得到的检测限。

b——达到稳态电流的 95%。

c——达到稳态电流的 90%。

d——达到稳态电流的所需的时间。

*——采用饱和甘汞电极作为参比电极。

2.3　本章小结

本章中,我们利用表面活性剂诱导聚合法成功制备了 Fe_3O_4/PPy 复合微球。然后,以该复合微球为模板,以甲酸为还原剂,进一步制备了高密度 Pt 纳米粒子修饰的 PPy 空心微球。我们利用扫描电子显微镜和透射电子显微镜对产物的形貌进行了表征,并通过傅里叶变换红外光谱、X 射线衍射仪和 X 射线光电子能谱仪等测试手段,深入研究了产物的化学组成和结晶形态。此外,我们还评估了 PPy/Pt 复合空心微球作为电极修饰材料对 H_2O_2 还原的电化学催化活性。基于以上研究,我们得出了以下结论。

(1)通过湿化学方法,我们成功地在 PPy 球壳表面负载了高密度的 Pt 纳米粒子。由于 PPy 基底的稳定作用,生成的 Pt 纳米粒子粒径很小,经计算其平均粒径仅为 4.1 nm。此外,由于还原剂甲酸在反应过程中释放了大量质子,促进

了 Fe_3O_4 微球的溶解,最终成功制得了 PPy/Pt 复合空心微球。

(2)电化学测试结果表明,我们制备的 PPy/Pt 复合空心微球作为电极修饰材料,对 H_2O_2 还原展现出优异的催化活性。与一些 HRP 修饰电极相比,我们制备的 PPy/Pt 复合空心微球修饰的玻碳电极,对 H_2O_2 的检测展现出更低的检测限(H_2O_2 浓度为 1.2 μmol · L^{-1},基于信噪比为 3 的标准)和更快的响应时间(2 s 以内)。

第3章　聚吡咯/二氧化钛/钯复合纳米纤维的制备及催化性质研究

在最近的几十年里,小尺寸金属纳米结构在电子学、光电子学、催化、传感器、信息存储及生物医药等方面展现出广阔的应用前景,受到了越来越多的关注。在众多金属纳米结构中,Pd 纳米粒子因其对化学和制药工业中众多有机反应(包括 C—C 偶联反应和加氢反应等)均具有极高催化活性,而备受瞩目。然而,未经修饰的小尺寸 Pd 纳米粒子由于具有较大的表面能,极易发生聚集,导致其有效表面积减小,进而降低甚至丧失其固有的催化活性。为了克服这一问题,我们可以通过将 Pd 纳米粒子固载到一些价格低廉的载体上(如碳材料、金属氧化物和聚合物)来有效抑制其聚集。

金属氧化物因其具有氧化状态可调、价格低廉、化学及热稳定性良好等性质,而被认为是一类极有发展潜力的载体材料。研究发现,固载在金属氧化物上的 Pd 纳米粒子不仅表现出优异的催化活性和选择性,还在催化反应过程中表现出对干扰物质良好的抗毒性。

先前关于负载 Pd 纳米粒子的金属氧化物的报道主要聚集于两类方法:

(1)在高温条件下,将存在于金属氧化物纳米结构表面或内部的 Pd 前驱体进行煅烧处理;

(2)在金属氧化物存在条件下,利用强还原剂将 Pd 前驱体进行原位还原。

然而,这两种方法制备出的 Pd 纳米粒子在载体上的分散性通常较差。因此开发一种简单可靠的方法,以在金属氧化物上制备出小粒径且高度分散的 Pd 纳米粒子,仍然是一个亟待解决的科学挑战。

众所周知,导电聚合物(如 PANI、PPy)具有比金属离子更低的氧化还原电势,因而可以被用作还原剂来制备零价金属。在过去的几年里,关于直接将导电聚合物基底与钯离子混合以制备导电聚合物/Pd 纳米粒子复合纳米结构的报道较为罕见,并且这些报道中制备出的 Pd 纳米粒子粒径普遍较大,这在一定程度上限制了它们的应用。

因此,本章中,我们首先将静电纺丝技术与化学气相聚合法相结合制备 PPy/TiO_2 复合纳米纤维,然后利用该复合纳米纤维作为纳米反应器,与钯离子反应,原位制备 Pd 纳米粒子。我们期望通过这一简单且通用的方法,制备出粒径小且分散性好的 Pd 纳米粒子。此外,我们还将深入研究聚吡咯/二氧化钛/钯($PPy/TiO_2/Pd$)复合纳米纤维的化学催化性质及其重复利用性质。

3.1 实验部分

3.1.1 实验试剂

本章所使用的试剂除吡咯单体外,均可直接用于实验,无须进一步提纯。实验室用水为自制的蒸馏水。

3.1.1.1 吡咯单体

本章所用吡咯单体在使用前需进行减压蒸馏以提纯。

3.1.1.2 乙酰丙酮氧钒

本章所用乙酰丙酮氧钒[$VO(acac)_2$,≥95%]为分析纯试剂。

3.1.1.3 钛酸四丁酯

本章所用钛酸四丁酯(TT)为化学纯试剂(CP)。

3.1.1.4 聚乙烯基吡咯烷酮

本章所用 PVP 的重均分子量为 1 300 000 $g \cdot mol^{-1}$。

3.1.1.5 氯钯酸钠

本章所用氯钯酸钠(Na_2PdCl_4)为分析纯试剂。

3.1.1.6 浓盐酸

本章所用浓盐酸(36.0%~38.0%)为分析纯试剂。

3.1.1.7 冰醋酸

本章所用冰醋酸(≥99.8%)为优级纯试剂(GR)。

3.1.1.8 对硝基苯酚

本章所用对硝基苯酚为分析纯试剂。

3.1.1.9 硼氢化钠

本章所用硼氢化钠($NaBH_4$,≥98.0%)为分析纯试剂。

3.1.1.10 无水乙醇

本章所用无水乙醇(≥99.8%)为优级纯试剂。

3.1.1.11 二甲基甲酰胺

本章所用二甲基甲酰胺(DMF,≥99.5%)为分析纯试剂。

3.1.2 材料制备

3.1.2.1 静电纺丝技术制备五氧化二钒/二氧化钛复合纳米纤维

首先,称取0.300 g TT和0.023 g $VO(acac)_2$置于锥形瓶中,然后依次加入1.775 g DMF、4.325 g无水乙醇和0.5 mL冰醋酸,并搅拌使其混合均匀。其次,加入0.650 g PVP,搅拌2 h,直至PVP完全溶解。随后,吸取一定体积的混合溶液,置于高压静电纺丝设备中进行静电纺丝。纺丝过程中,设置纺丝电压为12 kV,喷丝嘴与铝箔接收板的距离为15.0 cm,喷丝管头的直径为1.5 mm。经过一定时间,我们在接收极板上收集到了PVP/TT/$VO(acac)_2$复合纳米纤维膜。接下来,将得到的纤维膜置于空气条件下,于430 ℃的温度条件下煅烧2 h,最终得到了五氧化二钒/二氧化钛(V_2O_5/TiO_2)复合纳米纤维。

3.1.2.2 化学气相聚合法制备聚吡咯/二氧化钛复合纳米纤维

取0.2 g制备得到的V_2O_5/TiO_2复合纳米纤维于真空干燥器中，并同时放入一小瓶敞口的浓盐酸。使用真空泵抽气1 min后，让该复合纳米纤维在盐酸气氛中活化1 h。活化结束后，将该复合纳米纤维转移到另一个真空干燥器中，并同时放置一小瓶吡咯单体。再次使用真空泵抽气5 min，然后静置2 h，使吡咯单体充分聚合。聚合完成后，将得到的PPy/TiO_2复合纳米纤维首先用1 $mol \cdot L^{-1}$的盐酸溶液洗涤一次，然后用乙醇洗涤数次。最终，将洗涤后的PPy/TiO_2复合纳米纤维置于真空烘箱中，于40 ℃下干燥过夜。

3.1.2.3 聚吡咯/二氧化钛/钯复合纳米纤维的制备

将制备的PPy/TiO_2复合纳米纤维分散到10 mL蒸馏水中，然后加入1 mL Na_2PdCl_4水溶液（含1.2 mg Na_2PdCl_4），搅拌反应4 h。反应结束后，将产物离心分离，并用蒸馏水和乙醇洗涤数次。最终，将得到的聚吡咯/二氧化钛/钯（$PPy/TiO_2/Pd$）复合纳米纤维置于真空烘箱中，于40 ℃下干燥过夜。

3.1.2.4 对硝基苯酚的催化还原

首先，在石英吸收池中加入2 mL蒸馏水，然后加入30 μL对硝基苯酚溶液（浓度为7.40 $mmol \cdot L^{-1}$）和30 μL $NaBH_4$溶液（浓度为0.82 $mol \cdot L^{-1}$），慢慢搅动使其混合均匀。再将17 μL事先配置好的$PPy/TiO_2/Pd$复合纳米纤维水分散液（浓度为1.75 $mg \cdot mL^{-1}$）注入吸收池中，以引发反应。通过监测紫外-可见吸收光谱中400 nm处吸收峰强度的变化来观察对硝基苯酚向对氨基苯酚的转化过程。每次催化反应完成之后，再次向吸收池中加入30 μL对硝基苯酚溶液和30 μL $NaBH_4$溶液，以研究催化剂的重复利用性。重复此步骤七次，以评估催化剂的稳定性。

3.1.3 实验仪器

（1）高压极化电源（ES30-0.1P）；

（2）箱式电阻炉；

(3)扫描电子显微镜(SEM);

(4)透射电子显微镜(TEM,加速电压为100 kV);

(5)高分辨透射电子显微镜(HRTEM,加速电压为200 kV)及能量色散X射线分析(EDX);

(6)X射线光电子能谱(XPS);

(7)电感耦合等离子体原子发射光谱仪(ICP);

(8)X射线衍射仪(XRD,Cu Kα的波长为1.541 8 Å);

(9)傅里叶变换红外光谱仪(FTIR);

(10)热重分析仪(TGA);

(11)紫外可见分光光度计(UV-vis);

(12)紫外-可见-近红外分光光度计(UV-vis-NIR)。

3.2 结果与讨论

3.2.1 聚吡咯/二氧化钛复合纳米纤维的形貌及结构表征

鉴于PPy/TiO_2复合纳米结构在传感器及能量器件中具有广阔的应用前景,一维PPy/TiO_2复合纳米结构的制备引起了科研工作者们极大关注。以往关于PPy/TiO_2复合纳米结构的报道多集中于将TiO_2纳米组分包埋在PPy基体中,而将PPy分散在TiO_2基质结构中则鲜见报道。本章采用静电纺丝技术结合煅烧处理方法,成功制备了V_2O_5/TiO_2复合纳米纤维。因为该复合纳米纤维中的V_2O_5组分具有氧化性,可作为吡咯聚合的氧化剂,所以进一步利用化学气相聚合法,可成功地将PPy引入TiO_2纳米纤维中。

如图3-1所示,PPy/TiO_2复合纳米纤维的制备过程主要包括以下步骤。首先,利用静电纺丝技术制备PVP/TT/VO(acac)$_2$复合纳米纤维,随后通过煅烧移除PVP组分,从而得到V_2O_5/TiO_2复合纳米纤维。其次,将V_2O_5/TiO_2复合纳米纤维置于盐酸气氛中进行酸化处理,以活化V_2O_5组分。再次,将V_2O_5/TiO_2复合纳米纤维置于吡咯气氛中反应,得到PPy/TiO_2复合纳米纤维。反应结束后，V_2O_5 组分被完全消耗，最终得到 PPy/TiO_2 复合纳米纤维。

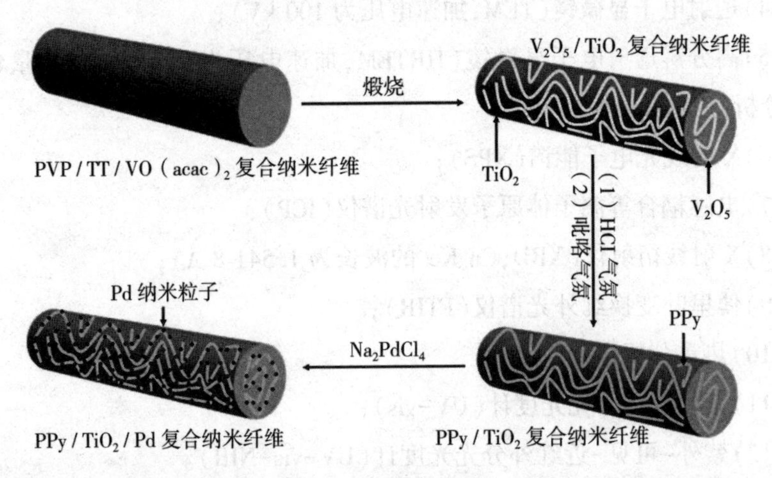

图 3-1　PPy/TiO_2 复合纳米纤维的制备及在纤维内部原位生成 Pd 纳米粒子的过程示意图

图 3-2 展示了制备的 V_2O_5/TiO_2 和 PPy/TiO_2 复合纳米纤维的紫外-可见-近红外光谱图。从图中可以观察到，PPy/TiO_2 样品对应的曲线在>800 nm 的波长范围内出现了一个宽峰，这归因于表面等离子体共振，对应于 PPy 中电子从价带到双极化子能带的跃迁。此现象充分地证明 PPy 已被成功引入 TiO_2 纳米纤维内部。插图为 V_2O_5/TiO_2 和 PPy/TiO_2 复合纳米纤维的光学图，从中可以明显看出聚合反应前后产物的颜色发生了变化，这同样说明在 TiO_2 纳米纤维内部原位生成了 PPy。

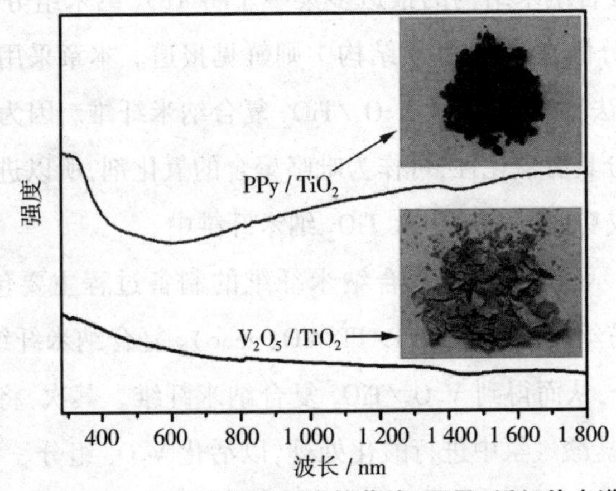

图 3-2　V_2O_5/TiO_2 和 PPy/TiO_2 复合纳米纤维的紫外-可见-近红外光谱图及相应的光学图

我们利用扫描电子显微镜和透射电子显微镜等测试手段对产物的形貌进行了研究,结果如图3-3所示。图3-3(a)为PPy/TiO_2复合纳米纤维的SEM图。由图可以看到,产物呈现纳米纤维状结构,纤维直径为100 nm左右,长度可达数微米甚至更长。图3-3(b)为该纳米纤维的TEM图,从中可知这些纤维具有多孔结构。图3-3(c)为放大的TEM图,图3-3(d)为HRTEM图。两者共同揭示了PPy/TiO_2复合纳米纤维由结晶相和无定形相组成。其中,结晶相为TiO_2,无定形相是PPy。经测量,HRTEM图中TiO_2晶相的晶面间距为0.35 nm和0.32 nm,分别对应于锐钛矿的(101)晶面和金红石的(110)晶面。这表明PPy/TiO_2复合纳米纤维中的TiO_2组分由锐钛矿和金红石两种晶型构成。此外,我们还对其进行了能量色散X射线光谱(EDX)分析,结果如图3-3(e)与3-3(f)所示。由图3-3(e)可知,除了Ti和O元素外,PPy/TiO_2复合纳米纤维中还含有C和N元素,这表明该纳米纤维中存在PPy。需要注意的是,谱图中的Cu元素来源于测试时使用的碳膜铜网。图3-3(f)为EDX元素扫描图,进一步证实了PPy均匀地分布在TiO_2纳米纤维中。综上所述,利用气相聚合法可成功地将PPy引入TiO_2纳米纤维。

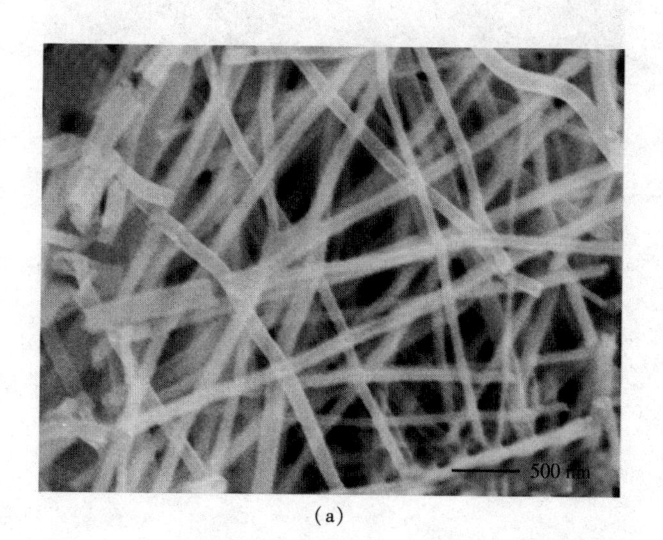

(a)

(b)

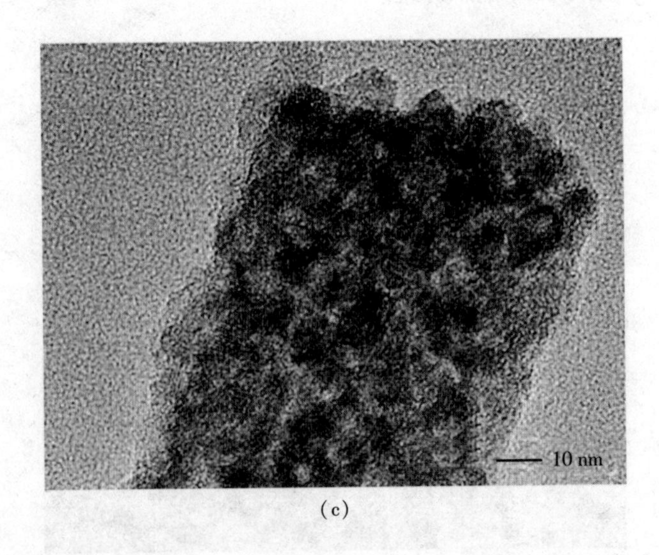

(c)

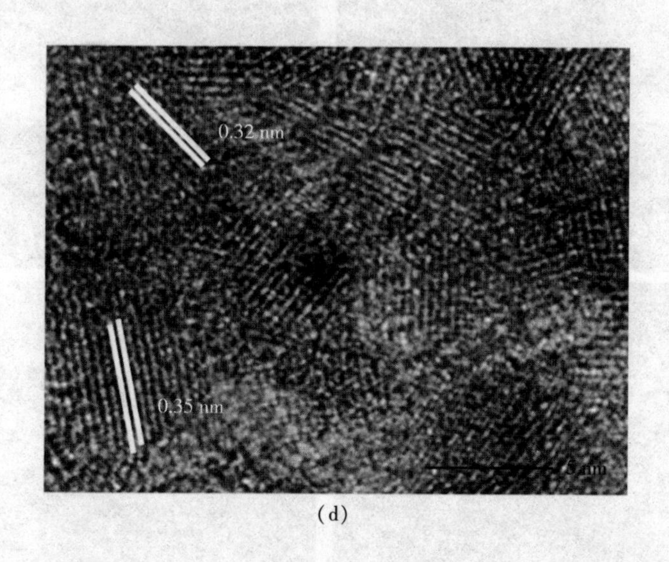
0.32 nm
0.35 nm
5 nm

(d)

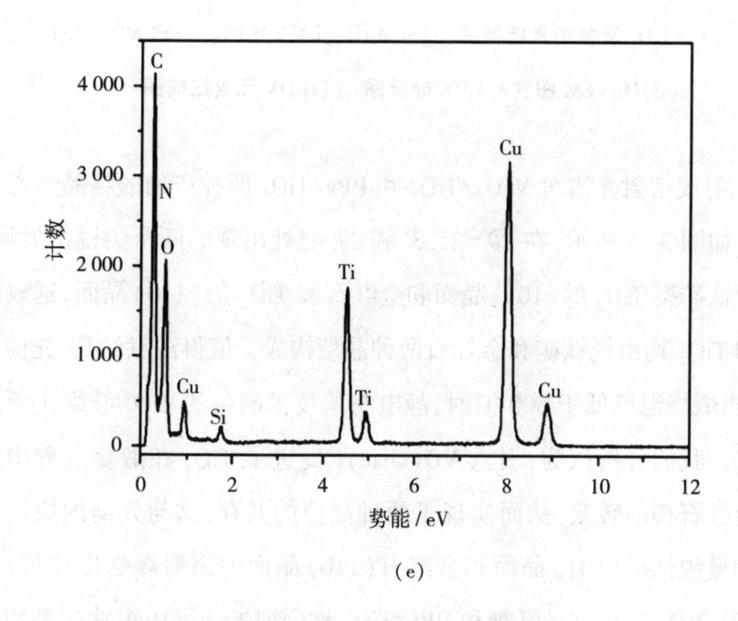
C
N
O
Cu
Si
Ti
Ti
Cu
Cu
4 000
3 000
2 000
1 000
0
计数
0
2
4
6
8
10
12
势能 / eV

(e)

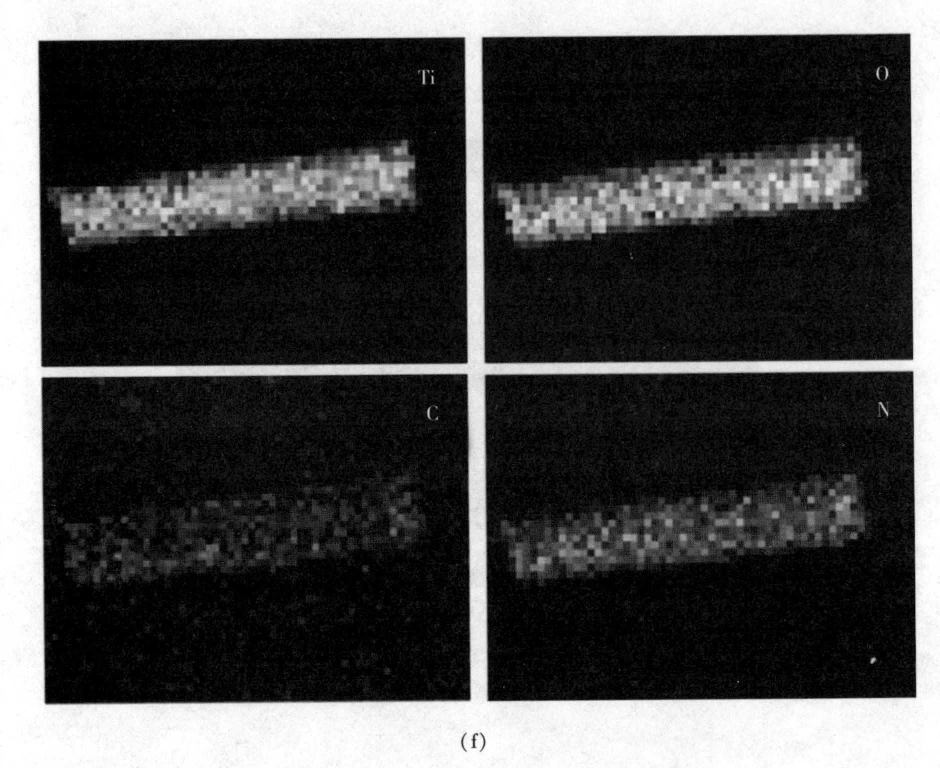

(f)

图 3-3　PPy/TiO_2 复合纳米纤维的(a)SEM 图、(b)TEM 图、(c)放大的 TEM 图、(d)HRTEM 图、(e)EDX 能谱图、(f)EDX 元素扫描图

利用 X 射线衍射光谱对 V_2O_5/TiO_2 和 PPy/TiO_2 两种产物的结晶形态进行深入研究。如图 3-4 所示，在 $2\theta=25.3°$ 和 27.4°处出现的两个尖锐衍射峰，分别对应于锐钛矿型 TiO_2 的(101)晶面和金红石型 TiO_2 的(110)晶面，这表明两种产物中的 TiO_2 均由锐钛矿和金红石两种晶型构成。值得注意的是，先前的研究已报道，当煅烧温度低于 500 ℃时，静电纺丝技术制备的 TiO_2 纤维主要呈现锐钛矿晶相。我们分析认为，引入 $VO(acac)_2$ 促进了 TiO_2 在煅烧过程中由锐钛矿相向金红石相的转变，从而实现了两种晶型的共存，这与先前的报道相吻合。通过测量锐钛矿(101)晶面和金红石(110)晶面的衍射峰强度比值，我们计算了 V_2O_5/TiO_2 复合纳米纤维和 PPy/TiO_2 复合纳米纤维中锐钛矿型和金红石晶型的相对含量。计算结果显示，V_2O_5/TiO_2 复合纳米纤维中含有 55.7%的锐钛矿相和 44.3%的金红石相，而 PPy/TiO_2 复合纳米纤维中相应晶型的含量则分别为 53.3%和 46.7%。这表明两种产物中 TiO_2 的晶相组成在聚合反应前后基本保持不变。

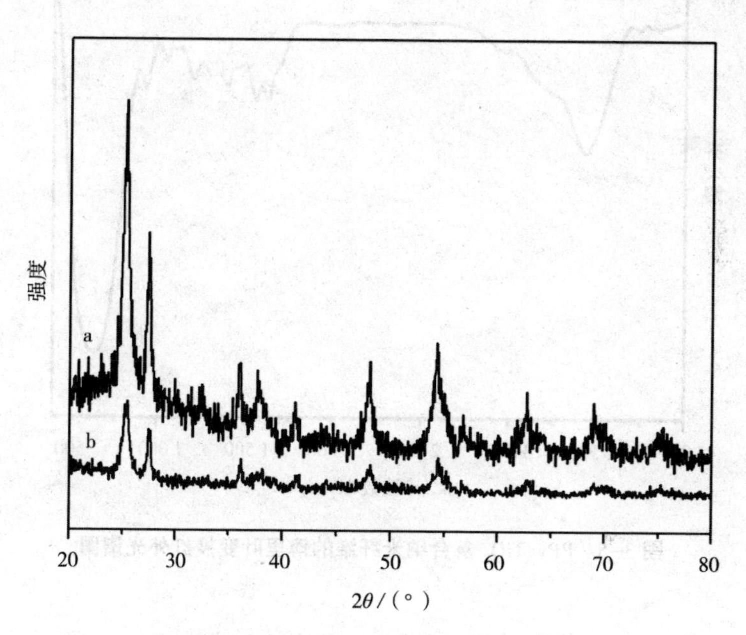

图 3-4　不同样品的 X 射线衍射光谱图

(a) V_2O_5/TiO_2复合纳米纤维；(b) PPy/TiO_2 复合纳米纤维

为了进一步确定复合产物的化学组成和各个组分的含量，我们采用傅里叶变换红外光谱及热失重分析(TGA)两种测试手段对产物进行了表征。图 3-5 为 PPy/TiO_2 复合纳米纤维的傅里叶变换红外光谱图。图中，632 cm^{-1} 处的强特征吸收峰对应于 Ti—O 键的振动，表明产物中存在 TiO_2。同时，如预期所见，PPy 的特征峰也清晰地出现在傅里叶变换红外光谱中：1 561 cm^{-1}(吡咯环中 C═C 非对称伸缩振动)、1 457 cm^{-1}(吡咯环中 C—C 对称伸缩振动)、1 048 cm^{-1}(C—H 面内弯曲振动)、930 cm^{-1} 和 1 205 cm^{-1}(双极化子特征吸收带)。这些结果表明我们已成功地将 PPy 包埋在 TiO_2 纳米纤维基质中。

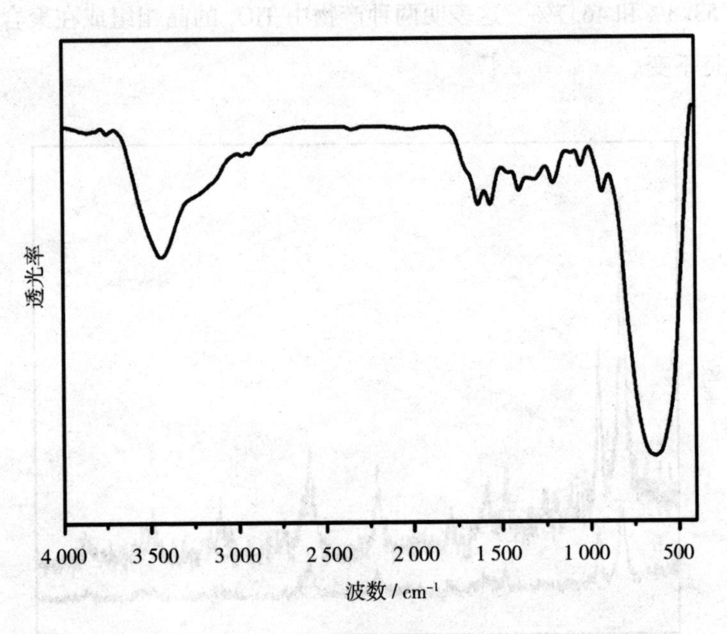

图 3-5　PPy/TiO_2 复合纳米纤维的傅里叶变换红外光谱图

接下来，我们对 V_2O_5/TiO_2 复合纳米纤维和 PPy/TiO_2 复合纳米纤维的热失重现象进行研究。图 3-6 为 V_2O_5/TiO_2 复合纳米纤维和 PPy/TiO_2 复合纳米纤维在空气气氛中的热失重曲线。由 V_2O_5/TiO_2 复合纳米纤维的失重曲线可以看出，在升温过程中 TiO_2 组分基本保持稳定，没有出现显著失重现象。因此，对于 PPy/TiO_2 复合纳米纤维而言，其在升温过程结束后的热失重百分比可直接视为该复合纳米纤维中 PPy 组分的质量百分数。由 PPy/TiO_2 复合纳米纤维的热失重曲线可以看到，该复合纳米纤维在 500 ℃时已经达到失重平衡状态。经测算，整个升温过程结束后，PPy/TiO_2 复合纳米纤维的热失重百分比为 12%，这表明我们制备的 PPy/TiO_2 复合纳米纤维中 PPy 组分的质量百分数为 12%。

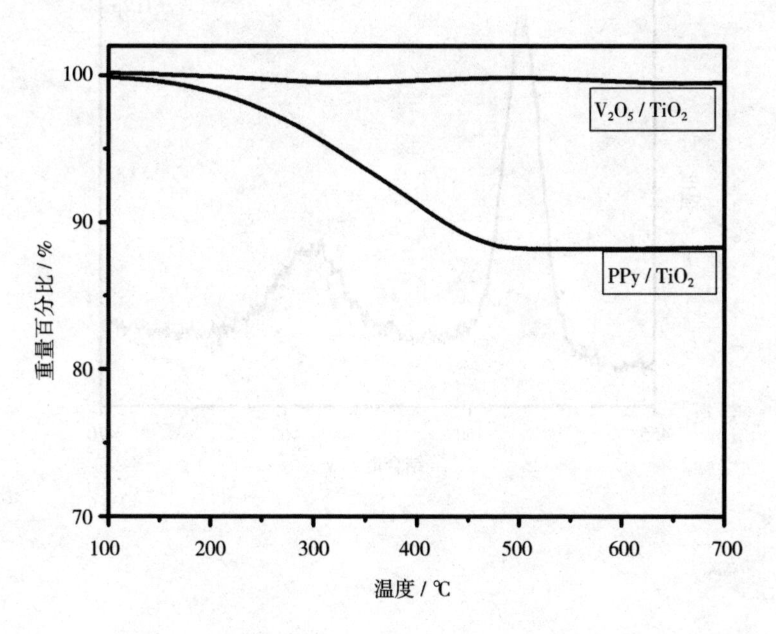

图 3-6 V_2O_5/TiO_2 复合纳米纤维与 PPy/TiO_2 复合纳米纤维在空气气氛中的热失重曲线

为了进一步探究 PPy/TiO_2 复合纳米纤维的表面化学组成和氧化状态，采用 X 射线光电子能谱(XPS)进行分析。图 3-7 呈现了 X 射线光电子能谱的表征结果。从图中可知，Ti 2p 在 458.6 eV 和 464.3 eV 处呈现出两个明显峰，分别归属于 Ti^{4+} $2p_{3/2}$ 和 Ti^{4+} $2p_{1/2}$。在 O 1s 的 X 射线光电子能谱图中，键能位于 529.8 eV 处的弱峰对应于晶格氧，而位于 532.0 eV 的峰则归属于羟基基团。除了 Ti 和 O 元素，X 射线光电子能谱图中也出现了 N(400.0 eV)和 C(284.6 eV)元素的特征信号峰，这同样证明我们已成功地将 PPy 引入 TiO_2 纳米纤维基质。

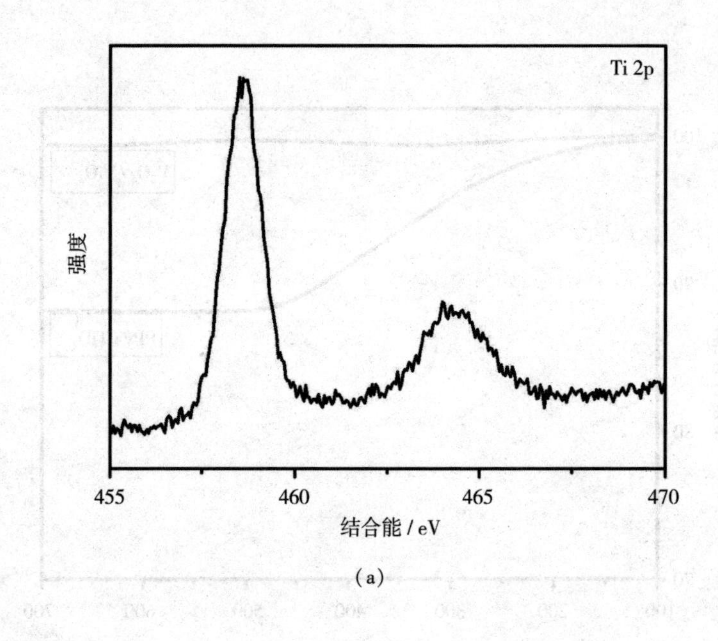
Ti 2p
强度
455
460
465
470
结合能 / eV

(a)

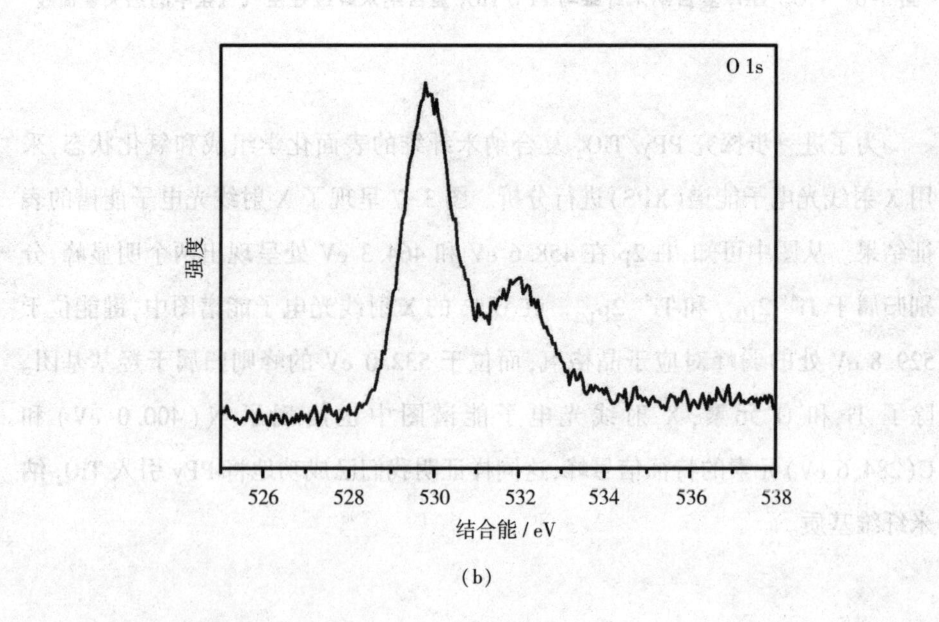
O 1s
强度
526
528
530
532
534
536
538
结合能 / eV

(b)

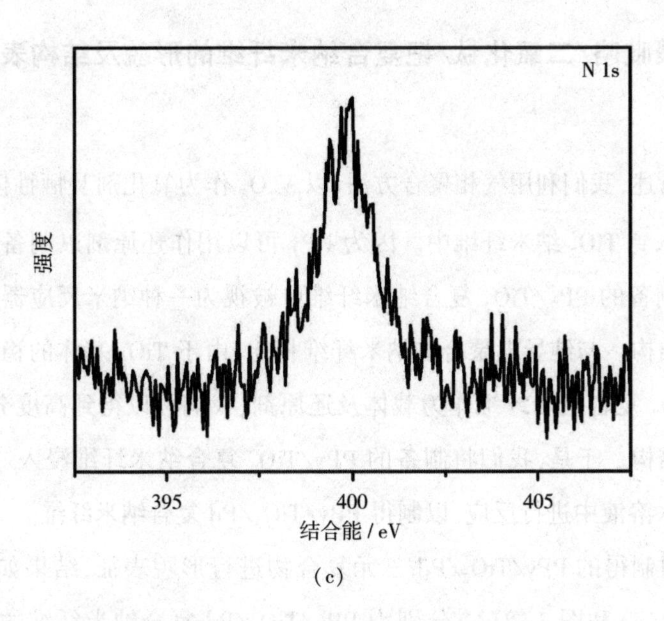

(c)

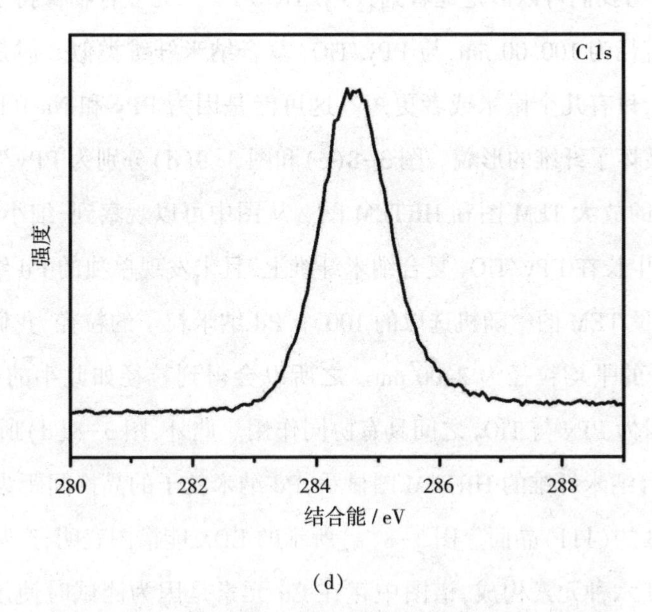

(d)

图 3-7　PPy/TiO_2复合纳米纤维的 X 射线光电子能谱图

(a)Ti 2p;(b)O 1s;(c)N 1s;(d)C 1s

3.2.2 聚吡咯/二氧化钛/钯复合纳米纤维的形貌及结构表征

如上所述,我们利用气相聚合方法,以 V_2O_5 作为氧化剂及牺牲模板成功地将 PPy 引入到 TiO_2 纳米纤维中。因为 PPy 可以用作还原剂以制备零价金属,所以我们制备的 PPy/TiO_2 复合纳米纤维可被视为一种纳米反应器,用于负载金属纳米结构。与纯导电聚合物纳米纤维相比,由于 TiO_2 基体的稳定作用,利用 PPy/TiO_2 复合纳米纤维作为载体及还原剂,我们可以得到高度分散的超细金属纳米结构。于是,我们将制备的 PPy/TiO_2 复合纳米纤维浸入一定浓度的 Na_2PdCl_4 水溶液中进行反应,以制得 PPy/TiO_2/Pd 复合纳米纤维。

我们对制得的 PPy/TiO_2/Pd 三元复合物进行形貌表征,结果如图 3-8 所示。图 3-8(a)和图 3-8(b)分别为 PPy/TiO_2/Pd 复合纳米纤维的 SEM 图和 TEM 图。由图我们可以清楚地看到,PPy/TiO_2/Pd 三元复合物保持了纤维状形貌,其平均直径为 100.00 nm,与 PPy/TiO_2 复合纳米纤维类似。但是纤维的长度明显缩短,只有几个微米或者更短。这可能是因为 PPy 和 Na_2PdCl_4 发生化学反应时,破坏了纤维的形貌。图 3-8(c)和图 3-8(d)分别为 PPy/TiO_2/Pd 复合纳米纤维的放大 TEM 图和 HRTEM 图。从图中可以观察到,细小的 Pd 纳米粒子均匀地生长在 PPy/TiO_2 复合纳米纤维上,且未发现单独的 Pd 纳米粒子存在。通过测量 TEM 图中随机选取的 100 个 Pd 纳米粒子的粒径,我们计算得出 Pd 纳米粒子的平均粒径为 2.00 nm。之所以会得到粒径如此小的 Pd 纳米粒子,可能是因为 PPy 与 TiO_2 之间具有协同作用。此外,图 3-8(d)所示的 PPy/TiO_2/Pd 复合纳米纤维的 HRTEM 图显示,Pd 纳米粒子的晶格间距为 0.23 nm,这对应于 Pd 的(111)晶面。图 3-8(e)所示的 EDX 能谱图表明,产物由 Pd、Ti、O、C、N 和 Cl 六种元素构成,谱图中存在 Cu 元素是因为测试时使用了碳膜铜网。这些测试结果证明,我们成功地利用 PPy/TiO_2 复合纳米纤维作为纳米反应器,制备了富含 Pd 纳米粒子的 PPy/TiO_2/Pd 三元复合物。图 3-8(f)为

PPy/TiO_2/Pd 复合纳米纤维的 EDX 元素扫描图。由该图可知，Ti 原子均匀地分布在 PPy/TiO_2/Pd 复合纳米纤维的表面及内部，而 Pd 原子则主要集中在 PPy/TiO_2/Pd 复合纳米纤维的表面。通过 ICP 测试，我们进一步确认 PPy/TiO_2/Pd 复合纳米纤维中 Pd 组分的质量百分数为 21%。

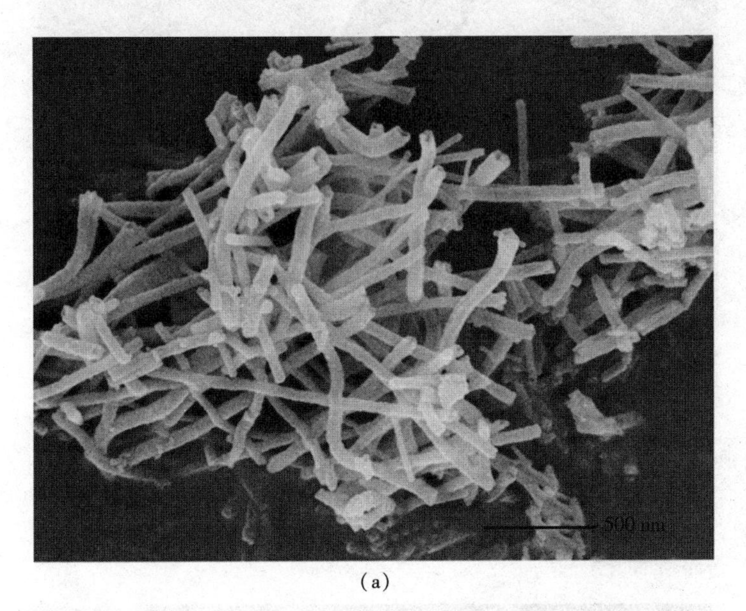

(a)

(b)

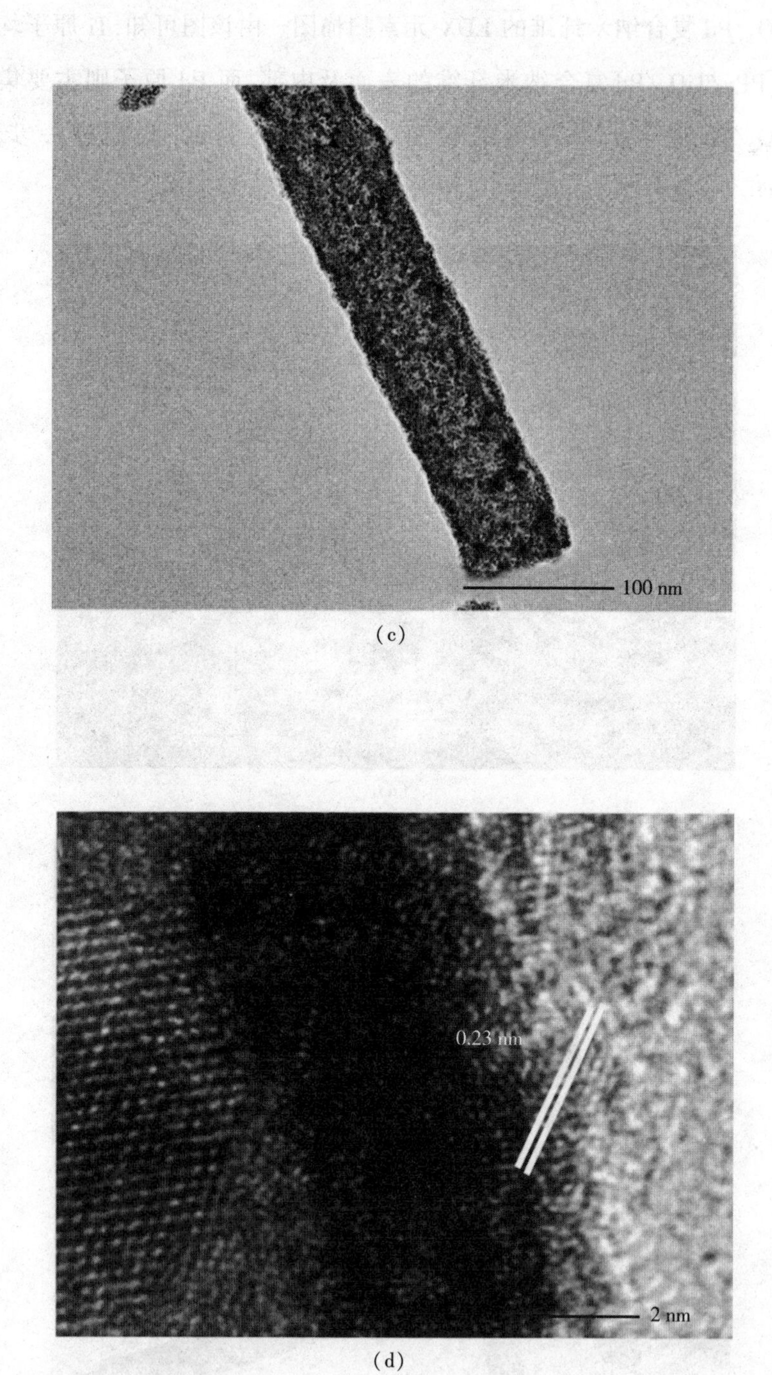

(c)

(d)

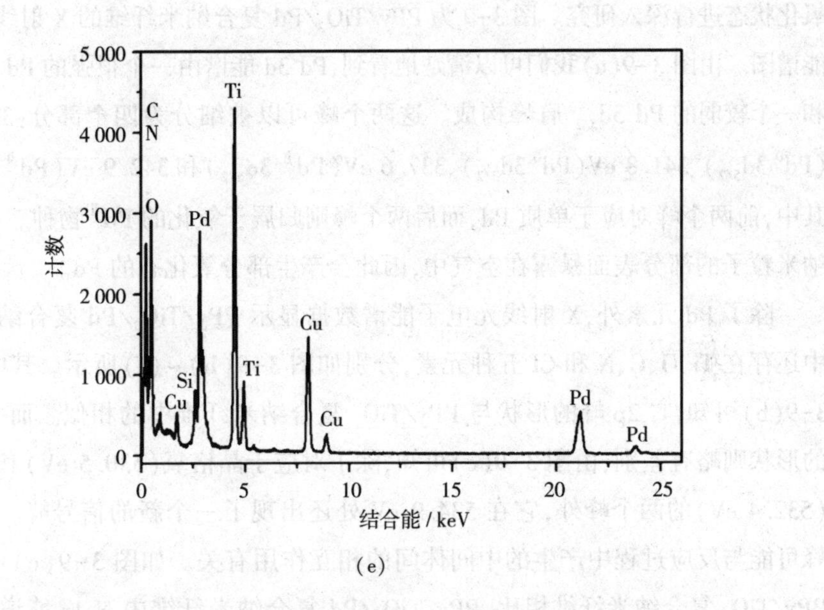

(e)

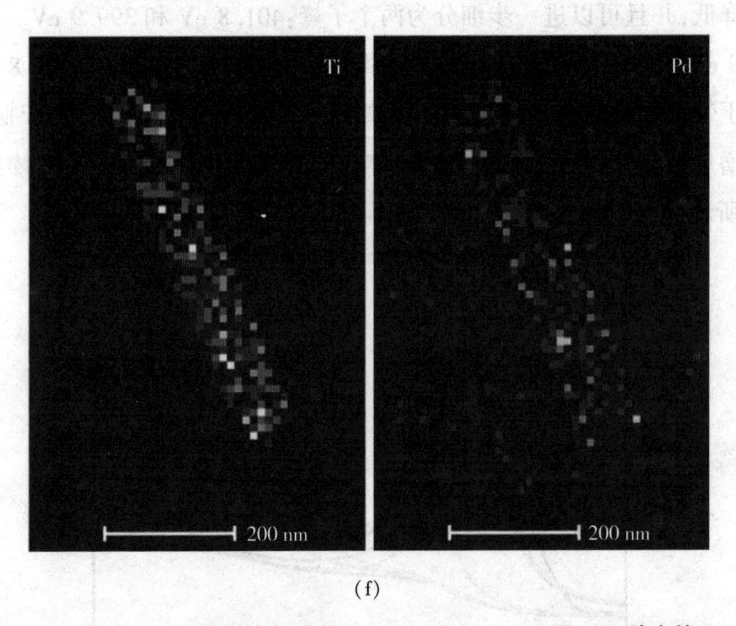

(f)

图 3-8　$PPy/TiO_2/Pd$ 复合纳米纤维的(a)SEM 图、(b)TEM 图、(c)放大的 TEM 图、(d)HRTEM 图、(e)EDX 能谱图、(f)EDX 元素扫描图

接下来,我们利用 X 射线光电子能谱对 PPy/TiO_2/Pd 复合纳米纤维中 Pd 的氧化状态进行深入研究。图 3-9 为 PPy/TiO_2/Pd 复合纳米纤维的 X 射线光电子能谱图。由图 3-9(a)我们可以清楚地看到,Pd 3d 能谱由一个很强的 Pd $3d_{5/2}$ 峰和一个较弱的 Pd $3d_{3/2}$ 肩峰构成。这两个峰可以被细分为四个部分:336.5 eV(Pd^0 $3d_{5/2}$)、341.8 eV(Pd^0 $3d_{3/2}$)、337.6 eV(Pd^{II} $3d_{5/2}$)和 342.9 eV(Pd^{II} $3d_{3/2}$)。其中,前两个峰对应于单质 Pd,而后两个峰则归属于氧化的 Pd^{II} 物种。由于 Pd 纳米粒子的部分表面暴露在空气中,因此会产生部分氧化态的 Pd。

除了 Pd 元素外,X 射线光电子能谱数据显示 PPy/TiO_2/Pd 复合纳米纤维中还存在 Ti、O、C、N 和 Cl 五种元素,分别如图 3-9(b)~(f)所示。其中,由图 3-9(b)可知,Ti 2p 峰的形状与 PPy/TiO_2 复合纳米纤维中的相似。而 O 1s 峰的形状则略有差别,由图 3-9(c)可知,除了对应于晶格氧(530.5 eV)和羟基氧(532.4 eV)的两个峰外,它在 534.9 eV 处还出现了一个新的信号峰。这个新峰可能与反应过程中产生的中间体间的相互作用有关。如图 3-9(e)可知,与 PPy/TiO_2 复合纳米纤维相比,PPy/TiO_2/Pd 复合纳米纤维中 N 1s 能谱峰的强度有所降低,并且可以进一步细分为两个子峰:401.8 eV 和 399.9 eV。其中,位于 399.9 eV 的峰对应于 PPy 中的中性氮(—NH—)部分,而位于 401.8 eV 的峰则对应于带正电荷的氮物种。这一现象说明,在与 $PdCl_4^{2-}$ 反应后,产物的掺杂度有所增加。此外,谱图中 Cl 元素的存在同样证明 PPy 已经被 Cl^- 掺杂,如图 3-9(f)所示。

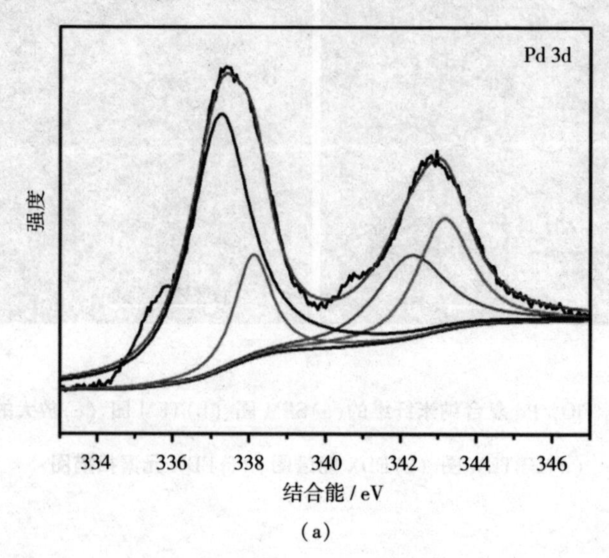

(a)

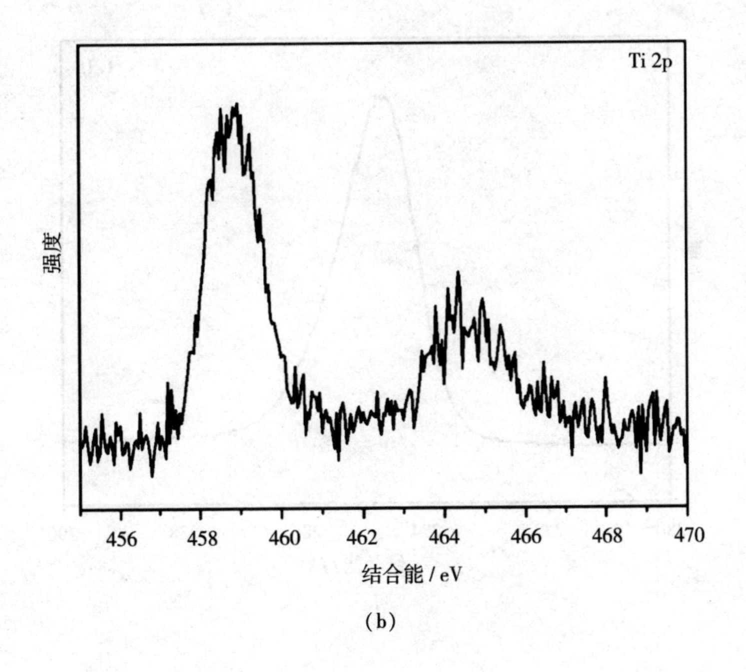
Ti 2p
强度
456
458
460
462
464
466
468
470
结合能 / eV

(b)

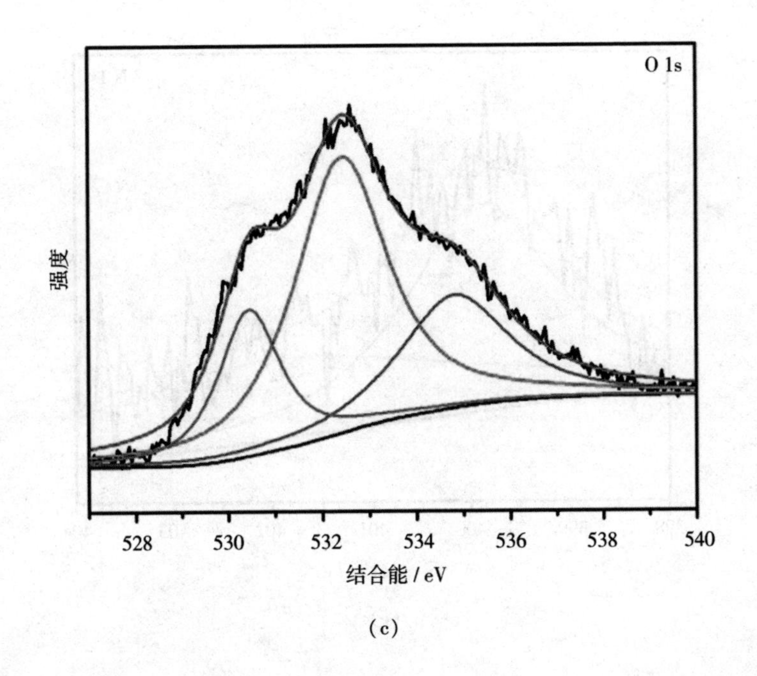
O 1s
强度
528
530
532
534
536
538
540
结合能 / eV

(c)

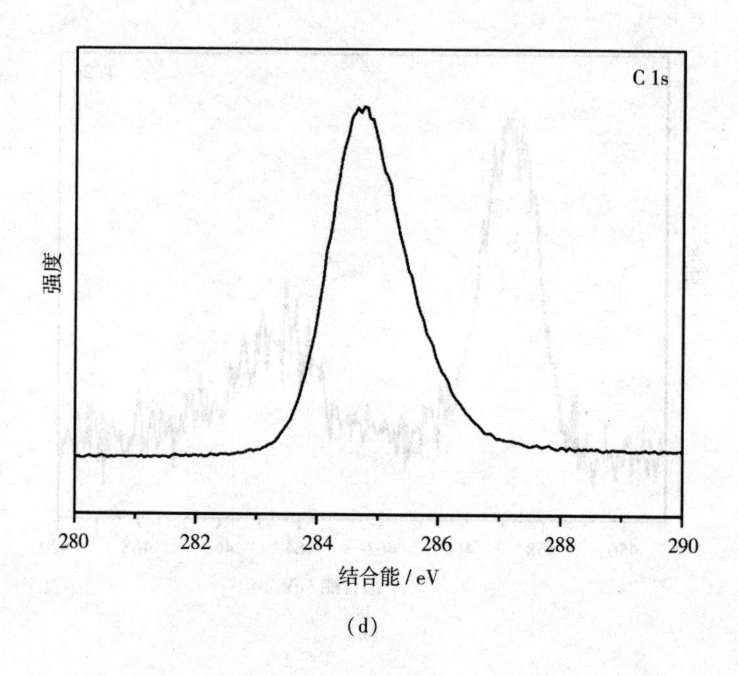
C 1s
强度
280
282
284
286
288
290
结合能 / eV

(d)

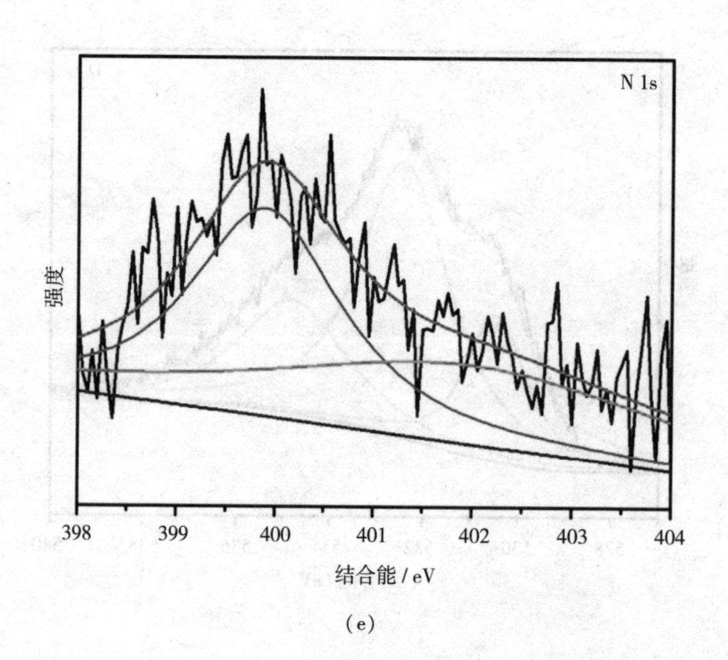
N 1s
强度
398
399
400
401
402
403
404
结合能 / eV

(e)

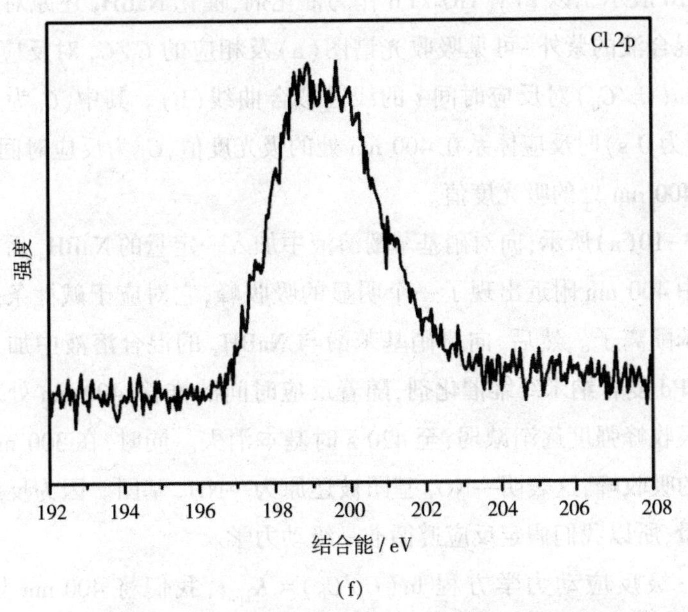

(f)

图 3-9　PPy/TiO_2/Pd 复合纳米纤维的 X 射线光电子能谱图

(a)Pd 3d;(b)Ti 2p;(c)O 1s;(d)C 1s;(e)N 1s;(f)Cl 2p

3.2.3　聚吡咯/二氧化钛/钯复合纳米纤维的催化性质研究

本章制备的 PPy/TiO_2/Pd 复合纳米纤维具有独特的一维结构,兼具良好的化学及热稳定性,其中的 Pd 纳米粒子粒径很小,并且形成了独特的半导体—导电聚合物—金属三元界面。此外,Pd 纳米粒子对氢化反应和 C—C 偶联反应均展现出良好的催化活性。因此,该复合纳米纤维在有机合成反应的异相催化领域展现出广阔的应用前景。又因为对氨基苯酚是工业的重要原料,被广泛应用于制备解热镇痛药物、显影剂、抗氧剂和石油添加剂等,所以利用对硝基苯酚加氢制备对氨基苯酚的方法显得尤为有意义。综上,本章中,我们将以 PPy/TiO_2/Pd 复合纳米纤维为催化剂,通过考察在过量 $NaBH_4$ 存在的条件下对硝基苯酚加氢生成对氨基苯酚的反应速率,来评估该复合纳米纤维的催化性能。催化反应进程可以通过记录不同时间点反应溶液的紫外-可见光谱图进行监测。

图 3-10 展示了以 $PPy/TiO_2/Pd$ 作为催化剂，催化 $NaBH_4$ 还原对硝基苯酚的过程中混合液的紫外-可见吸收光谱图(a)及相应的 C_t/C_0 对反应时间 t 的点线图与 $\ln(C_t/C_0)$ 对反应时间 t 的线性拟合曲线(b)。其中，C_0 为反应初始(反应时间为 0 s)时反应体系在 400 nm 处的吸光度值，C_t 为反应时间为 t 时反应体系在 400 nm 处的吸光度值。

如图 3-10(a)所示，向对硝基苯酚溶液中加入一定量的 $NaBH_4$ 后，紫外-可见光谱图中 400 nm 附近出现了一个明显的吸收峰，它对应于碱性条件下形成的对硝基苯酚离子。然后，向对硝基苯酚与 $NaBH_4$ 的混合溶液中加入痕量的 $PPy/TiO_2/Pd$ 复合纳米纤维催化剂，随着反应时间的推移，400 nm 处对硝基苯酚离子的吸收峰强度逐渐减弱，至 420 s 时基本消失。同时，在 300 nm 处出现了一个新的吸收峰，这表明—NO_2 基团被还原为—NH_2 基团。因为反应体系中 $NaBH_4$ 过量，所以我们假定反应遵循准一级动力学。

根据一级反应动力学方程 $\ln(C_t/C_0) = K_{app}t$，我们将 400 nm 处对应的 $\ln(C_t/C_0)$ 对反应时间 t 作图，并进行了线性拟合。根据图 3-10(b)所示的拟合曲线的斜率可知，室温下该反应的反应速率常数 K_{app} 为 $1.22\times10^{-2}\ s^{-1}$。这一较大的 K_{app} 值说明本章制备的 $PPy/TiO_2/Pd$ 复合纳米纤维催化剂对对硝基苯酚的还原反应具有较高的催化活性，这主要归功于 $PPy/TiO_2/Pd$ 复合纳米纤维中高度分散的小尺寸 Pd 纳米粒子及其与 PPy 和/或 TiO_2 之间的协同效应。

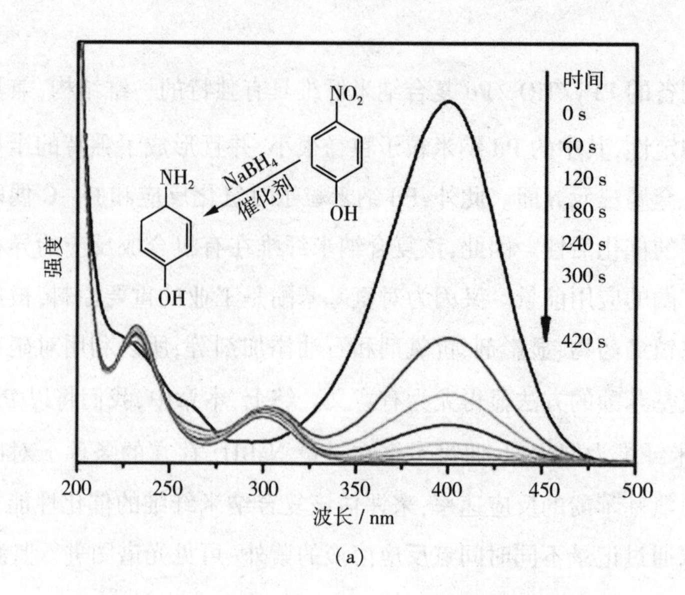

(a)

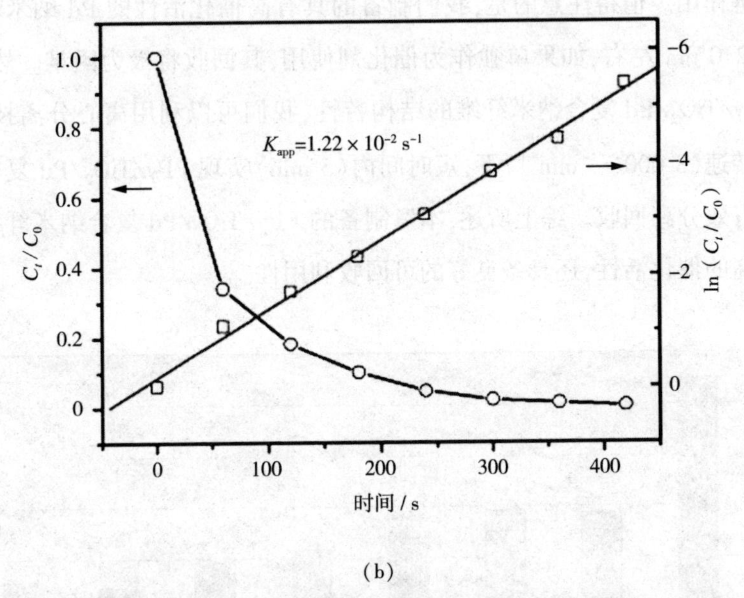

(b)

图 3-10　以 PPy/TiO_2/Pd 作为催化剂催化 $NaBH_4$ 还原对硝基苯酚的过程中混合液的(a)紫外-可见吸收光谱图及(b)相应的点线图与线性拟合曲线

我们知道,可重复利用性对于纳米催化剂的实际应用非常重要。Xia 和 Dong 等人研究发现,对硝基苯酚的催化还原产物——对氨基苯酚——会吸附在金属纳米粒子表面,导致催化剂中毒;而引入半导体,如 CeO_2 和 TiO_2 等,则可以有效地避免出现这种中毒现象。本章中,我们也针对 PPy/TiO_2/Pd 复合纳米纤维作为对硝基苯酚加氢还原催化剂的可重复利用性进行了深入研究。

图 3-11 展示了以 PPy/TiO_2/Pd 复合纳米纤维为催化剂,催化 $NaBH_4$ 还原对硝基苯酚的 K_{app} 值随循环次数变化的柱状图。图中列出了该复合纳米纤维催化剂在几个连续循环反应中的 K_{app} 值。结果显示,首次还原反应后,K_{app} 值减小了很多,但在随后的六个循环中,K_{app} 值没有发生大的改变。即便到了第八次循环,K_{app} 值仍然可以达到 7.13×10^{-3} s^{-1}。这表明本书制备的 PPy/TiO_2/Pd 复合纳米纤维催化剂不仅具有很好的稳定性,还对催化产物表现出良好的抗毒性。

我们认为,催化剂中的 PPy 和 TiO_2 组分对于稳定小尺寸的 Pd 纳米粒子起到了关键作用。值得注意的是,我们制备的具有高催化活性的 Pd 纳米粒子粒径只有 2.0 nm 左右,如果单独作为催化剂使用,其回收将极为困难。然而,得益于 $PPy/TiO_2/Pd$ 复合纳米纤维的结构特性,我们可以利用离心分离技术,在较低的转速($3\ 000\ r \cdot min^{-1}$)下,短时间内(5 min)实现 $PPy/TiO_2/Pd$ 复合纳米纤维的有效分离回收。综上所述,本章制备的 $PPy/TiO_2/Pd$ 复合纳米纤维不仅具有很高的催化活性,还具备良好的可回收利用性。

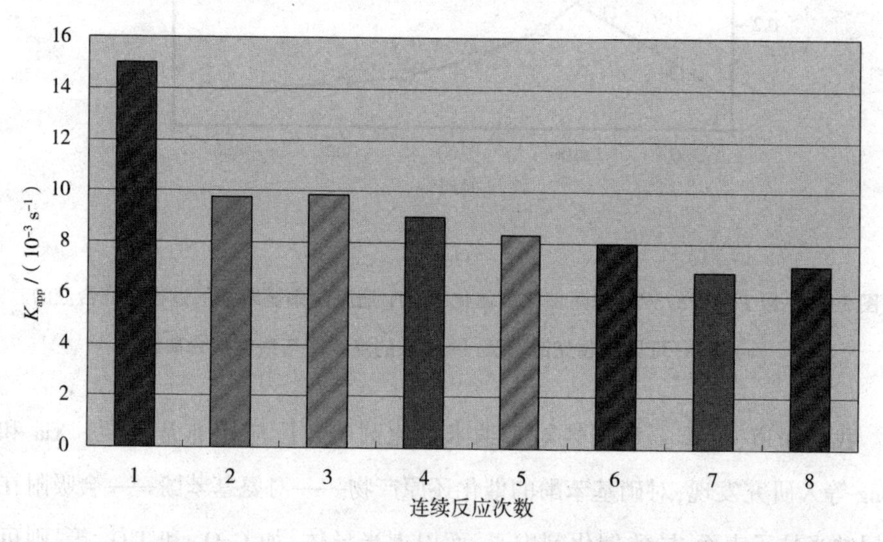

图 3-11 以 $PPy/TiO_2/Pd$ 复合纳米纤维为催化剂催化 $NaBH_4$ 还原对硝基苯酚的反应速率常数 K_{app} 值随循环次数变化的柱状图

3.3 本章小结

本章中,我们以静电纺丝技术制备的 V_2O_5/TiO_2 复合纳米纤维为氧化剂及牺牲模板,随后通过气相聚合法成功合成了 PPy/TiO_2 复合纳米纤维。进一步利用 PPy 组分的还原性,将 PPy/TiO_2 复合纳米纤维与 Na_2PdCl_4 水溶液混合反应,制得了 $PPy/TiO_2/Pd$ 三元复合物。为全面评估该产物,我们利用扫描电子显微镜、透射电子显微镜和高分辨率透射电子显微镜对其形貌进行了表征,并通过傅里叶变换红外光谱仪、紫外-可见-近红外分光光度计、X射线衍射仪、X射线光电子能谱和能量色散X射线光谱仪等多种测试手段深入研究了它的化学组成、结晶形态等特性。此外,我们还探索了PPy/TiO_2/Pd复合纳米纤维作为对硝基苯酚加氢还原反应催化剂的催化活性。以下是主要结论:

(1)我们将静电纺丝技术与化学气相聚合法相结合,制备了PPy/TiO_2复合纳米纤维。实验结果表明,PPy在TiO_2纳米纤维中实现了均匀分布。以此复合纳米纤维作为纳米反应器,我们进一步合成了PPy/TiO_2/Pd复合纳米纤维。测试结果表明,Pd纳米粒子均匀分布在PPy/TiO_2复合纳米纤维表面,并且它的平均粒径很小,只有2.0 nm。

(2)催化实验结果表明,我们制备的PPy/TiO_2/Pd复合纳米纤维在对硝基苯酚的加氢还原反应中展现出优异的催化活性,K_{app}高达1.22×10^{-2} s^{-1}。更令人鼓舞的是,该催化剂对反应产物表现出良好的抗毒性和显著的可重复利用性,即便在第八次循环反应后,其K_{app}值仍然可以达到7.13×10^{-3} s^{-1}。

第 4 章　聚苯胺/硫化铜复合纳米纤维的制备及类过氧化物酶性质研究

相对于块体导电聚合物,导电聚合物纳米结构材料以其比表面积大、导电率高等优点,吸引了越来越多科学家的关注。其中,PANI 纳米结构材料已经成功应用在纳电子器件、传感器、催化、微波吸收、能源、环境以及生物医学等多个领域。为了进一步提高 PANI 纳米结构的性能并拓宽其应用范围,研究者们将 PANI 与无机纳米结构材料复合,制备出 PANI/无机物复合纳米结构材料。

纳米复合结构材料与简单的共混复合体系材料不同,其特点在于两种或多种组分之间并非简单混合,而是在纳米尺度下通过一定的相互作用力(如范德瓦耳斯力、氢键、配位键、共价键等)紧密结合。这种结合方式赋予了纳米复合结构材料明显优于单独组分的性能,这主要归因于组分之间的协同作用。Song 等人利用叶酸作为连接剂制备了石墨烯@ 血红素纳米复合材料,并研究了该复合体系的类过氧化物酶催化活性。由于石墨烯具有良好的导电性,并且对 3,3′,5,5′-四甲基联苯胺(TMB)的亲和力较强,因此电子在 TMB 与血红素之间的传递更容易发生。对比实验结果表明,该复合材料具有比单一组分更优越的催化活性。此外,Liu 等人将 GO 与不同浓度的氯金酸溶液混合,利用水热合成法一步制备了石墨烯/金纳米粒子复合片状结构。单独的石墨烯并不具有类过氧化物酶性质,然而他们得到的石墨烯/金纳米粒子复合片状结构却表现出比纯金纳米粒子或两者的混合物更为优越的催化活性。鉴于催化反应通常发生在界面处,他们提出纳米复合材料中界面的均匀性对催化剂的催化性质具有重要影响,实验结果充分地证明了这一观点。

PANI 也具有很好的电导性,那么我们是否能将 PANI 作为载体,负载无机纳米结构,从而制备出具有协同效应的纳米过氧化物模拟酶呢?鉴于导电聚合物纳米复合结构材料的性质深受其制备方法影响,通过改进制备技术提高导电聚合物与无机纳米材料之间的相容性是实现此类纳米复合结构材料协同作用的关键因素之一。

基于上述考量,我们首先制备了巯基乙酸掺杂 PANI 纳米纤维。在此过程中,我们利用掺杂在 PANI 链中的巯基乙酸作为硫源,随后加入铜盐,采用简单的水热合成法制备了导电聚合物/硫化铜纳米复合结构材料。我们之所以选择硫化铜作为复合组分,是因为先前的文献已证实其具有类过氧化物酶的特性。随后,我们对纳米复合材料的类过氧化物酶催化性能进行了研究。期望通过这种新的制备策略合成出组分相容性好且相互作用强的聚苯胺/硫化铜纳米复合材料,并期望该复合材料在应用中可展现出优异的性能。

4.1 实验部分

4.1.1 实验试剂

本章所列试剂除苯胺单体外,均可直接使用,不用进一步提纯。实验室用水为自制的蒸馏水,催化实验用水为购买的纯净水。

4.1.1.1 苯胺单体

本章所用苯胺单体在使用前需利用锌粉还原并进行减压蒸馏以提纯。

4.1.1.2 过硫酸铵

本章所用 APS(≥98.0%)为分析纯试剂。

4.1.1.3 浓氨水

本章所用浓氨水(25.0%~28.0%)为分析纯试剂。

4.1.1.4 浓盐酸

本章所用浓盐酸(36.0%~38.0%)为分析纯试剂。

4.1.1.5 巯基乙酸

本章所用巯基乙酸($C_2H_4O_2S$,MAA,≥90.0%)为分析纯试剂。

4.1.1.6 二水合氯化铜

本章所用二水合氯化铜($CuCl_2 \cdot 2H_2O$,≥99.0%)为分析纯试剂。

4.1.1.7 3,3′,5,5′-四甲基联苯胺

本章所用TMB(≥99.0%)为生物试剂。

4.1.1.8 过氧化氢

本章所用H_2O_2(≥30.0%)为分析纯试剂。

4.1.1.9 冰醋酸

本章所用冰醋酸(≥99.8%)为优级纯试剂。

4.1.1.10 无水乙酸钠

本章所用无水乙酸钠(≥99.0%)为优级纯试剂。

4.1.1.11 无水乙醇

本章所用无水乙醇(≥99.7%)为优级纯试剂。

4.1.1.12 二甲基亚砜

本章所用二甲基亚砜(DMSO,≥99.0%)为优级纯试剂。

4.1.2 材料制备

4.1.2.1 巯基乙酸掺杂PANI纳米纤维的制备

我们依据文献报道的方法制备巯基乙酸掺杂PANI纳米纤维,具体步骤详述如下。首先,将0.30 g苯胺单体和0.18 g APS分别溶解在10 mL浓度为1 mol·L^{-1}的盐酸溶液中。其次,将两种溶液迅速混合并强烈振荡约1 min以确保均匀混合。之后,将混合液静置反应2 h。反应结束后,离心并水洗,得到盐酸掺杂PANI纳米纤维。再次,将上述制备的盐酸掺杂PANI纳米纤维分散到40 mL浓度为1 mol·L^{-1}的氨水溶液中。搅拌反应8 h,然后离心并水洗,得

到去掺杂 PANI 纳米纤维。最后,将该去掺杂 PANI 纳米纤维分散到 20 mL 水中,然后加入 15 mL 巯基乙酸。搅拌反应 12 h,然后离心、水洗、乙醇洗,干燥后得到巯基乙酸掺杂 PANI 纳米纤维。

4.1.2.2 水热合成法制备聚苯胺/硫化铜复合纳米纤维及单纯硫化铜纳米粒子

首先,称取 15 mg 巯基乙酸掺杂 PANI 纳米纤维,并将其均匀分散到 30 mL 水中。随后,向该分散液中加入 1 mL 浓度为 51.0 mg · mL^{-1} 的氯化铜溶液,充分混合后,将混合物转移至反应釜中。在 140 ℃条件下反应 12 h。反应结束后,通过离心、水洗、乙醇洗、干燥,得到聚苯胺/硫化铜复合纳米纤维。

为了进行对比,我们还制备了单纯硫化铜纳米粒子。其具体制备方法如下。首先,将 12 mg 巯基乙酸加入到 30 mL 蒸馏水中,振荡使其溶解。然后,向该溶液中加入 1 mL 浓度为 51.0 mg · mL^{-1} 的氯化铜溶液,充分混合后,将混合液转移至反应釜中,在 140 ℃的温度条件下反应 12 h。反应结束后,通过离心、水洗、乙醇洗、干燥得到单纯硫化铜纳米粒子。

4.1.2.3 类过氧化物酶催化性质研究

将得到的聚苯胺/硫化铜复合纳米纤维通过超声分散到水中,配置成浓度为 3.0 mg · mL^{-1} 的水分散液。在 3 mL 浓度为 0.1 mol · L^{-1} 的醋酸钠-醋酸缓冲溶液(pH=4.0)中,首先加入 20 μL 浓度为 15.0 mmol · L^{-1}的 DMSO(TMB)溶液,随后加入 20 μL H_2O_2 水溶液(30%),最后再加入 20 μL 聚苯胺/硫化铜复合纳米纤维催化剂水分散液,以此实现对 TMB 的催化氧化反应,同时利用紫外-可见吸收光谱监测反应进度。

为了进行对照,分别采用单纯硫化铜纳米粒子和单纯盐酸掺杂 PANI 纳米纤维为催化剂,重复上述催化实验步骤,以便评估不同催化剂的催化效果。

4.1.3 实验仪器

(1)超声波清洗器(功率 50 W);

(2)高速冷冻离心机;

(3)真空干燥箱;

(4)电热恒温干燥器(功率 4 000 W,最高温度可达 300 ℃);

(5)透射电子显微镜(TEM,加速电压为 100 kV);

(6)高分辨透射电子显微镜(HRTEM,加速电压为 200 kV);

(7)X 射线光电子能谱(XPS);

(8)傅里叶变换红外光谱仪(FTIR);

(9)X 射线衍射仪(XRD,Cu Kα 的波长为 1.541 8 Å);

(10)紫外-可见分光光度计(UV-vis)。

4.2 结果与讨论

4.2.1 聚苯胺/硫化铜复合纳米纤维的形貌表征与形成机理

首先,采用传统的快速混合法制备盐酸掺杂 PANI 纳米纤维。随后,利用简单的去掺杂-再掺杂方法制备巯基乙酸掺杂 PANI 纳米纤维。最后,利用掺杂在 PANI 链中的巯基乙酸作为硫源,通过简单的水热合成法制备聚苯胺/硫化铜复合纳米纤维材料。因为巯基(—SH)官能团具有与亲铜金属键连的能力,所以许多含有巯基基团的试剂已经被成功应用于金属纳米粒子的制备。其中,巯基乙酸与许多金属盐存在相互作用,因此它也经常被用作连接剂,在基底上生长金属硫化物纳米结构。在本章中,由于巯基乙酸以掺杂剂的形式均匀分布在聚合物纳米纤维中,当加入氯化铜溶液后,Cu^{2+}因与巯基乙酸间存在作用力而被吸附在 PANI 纳米纤维表面。在水热条件下,巯基乙酸分解,硫化铜纳米粒子便原位且均匀地生长在 PANI 纳米纤维表面。

图 4-1 为不同样品的 TEM 图。由图 4-1(a)可知,盐酸掺杂 PANI 为纳米纤维结构,纤维直径在 50.00~100.00 nm 之间,并且纤维表面比较光滑。由图 4-1(b)可知,经历去掺杂-再掺杂过程后,巯基乙酸掺杂 PANI 仍然保持良好的纳米纤维状形貌,但纤维表面光滑度有所下降。由图 4-1(c)可知,

硫化铜纳米粒子均匀地生长在PANI纳米纤维表面,没有发生明显的聚集现象,大部分粒子尺寸在5.00~20.00 nm之间。图4-1(d)为聚苯胺/硫化铜复合纳米纤维的高分辨TEM图,它表明硫化铜晶相中晶面间距为0.20 nm,这对应于Cu_9S_5的(01$\underline{20}$)晶面。

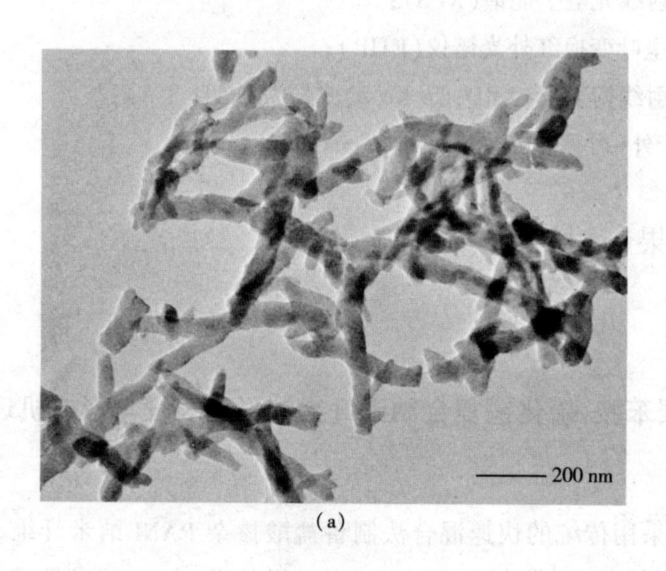

(a)

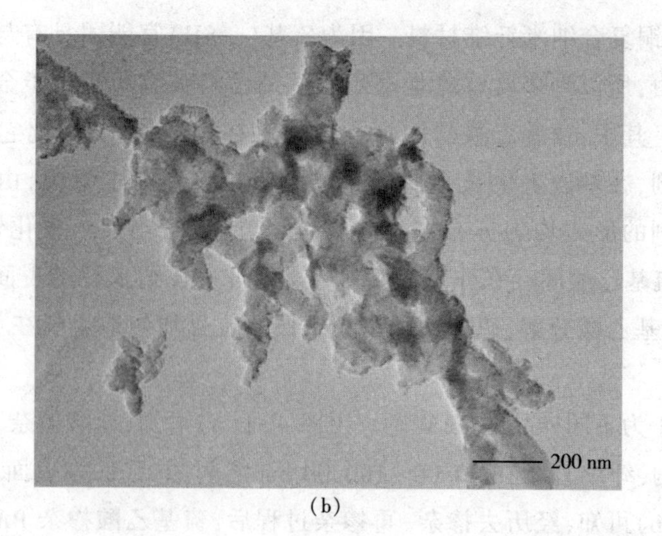

(b)

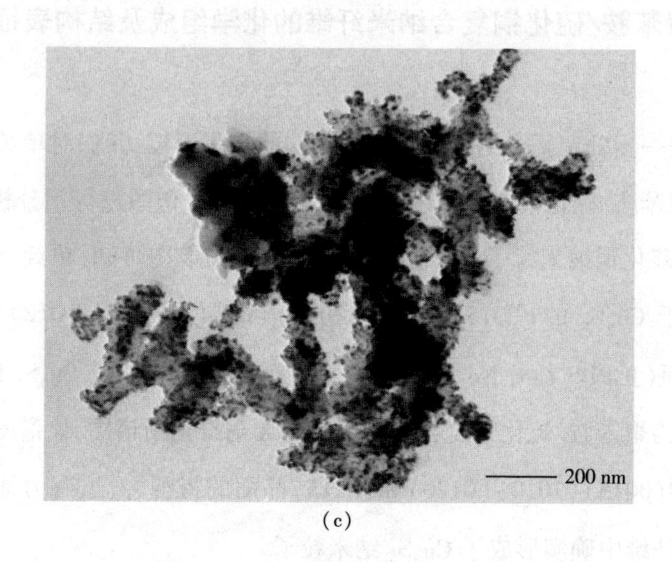

(c)

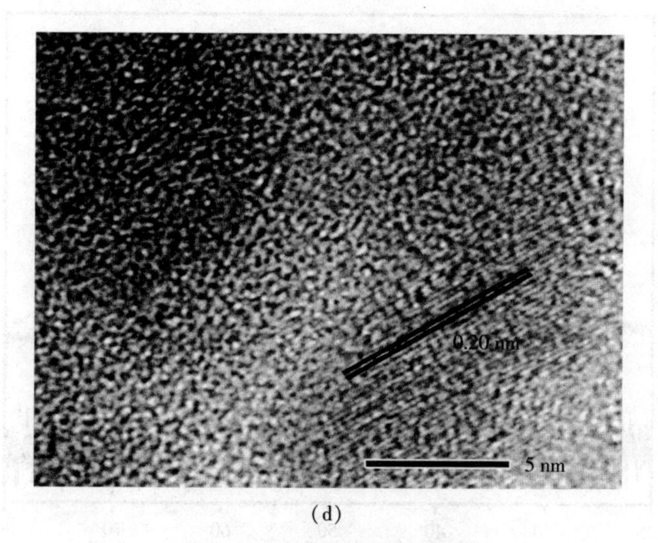

(d)

图 4-1　不同样品的 TEM 图

(a)盐酸掺杂 PANI 纳米纤维；(b)巯基乙酸掺杂 PANI 纳米纤维；
(c)聚苯胺/硫化铜复合纳米纤维；(d)聚苯胺/硫化铜复合纳米纤维(高分辨)

4.2.2 聚苯胺/硫化铜复合纳米纤维的化学组成及结构表征

为了进一步确定复合纳米纤维中硫化铜的结晶形态,我们对单纯硫化铜纳米粒子和聚苯胺/硫化铜复合纳米纤维的 X 射线衍射谱图进行了分析。图 4-2(a)为单纯硫化铜纳米粒子的 X 射线衍射谱图。由该图可知,单纯硫化铜的特征峰对应于 Cu_9S_5 的(00$\underline{15}$)(107)(10$\underline{10}$)(01$\underline{14}$)(01$\underline{17}$)(01$\underline{20}$)(119)和(11$\underline{15}$)晶面(JCPDS card No. 47-1748),这证明所形成的是 Cu_9S_5 纳米粒子。图 4-2(b)为聚苯胺/硫化铜复合纳米纤维的 X 射线衍射谱图,该谱图同样显示出 Cu_9S_5 的(00$\underline{15}$)(10$\underline{10}$)(01$\underline{20}$)和(11$\underline{15}$)晶面的特征峰,这有力地证明了在 PANI 纳米纤维中确实形成了 Cu_9S_5 纳米粒子。

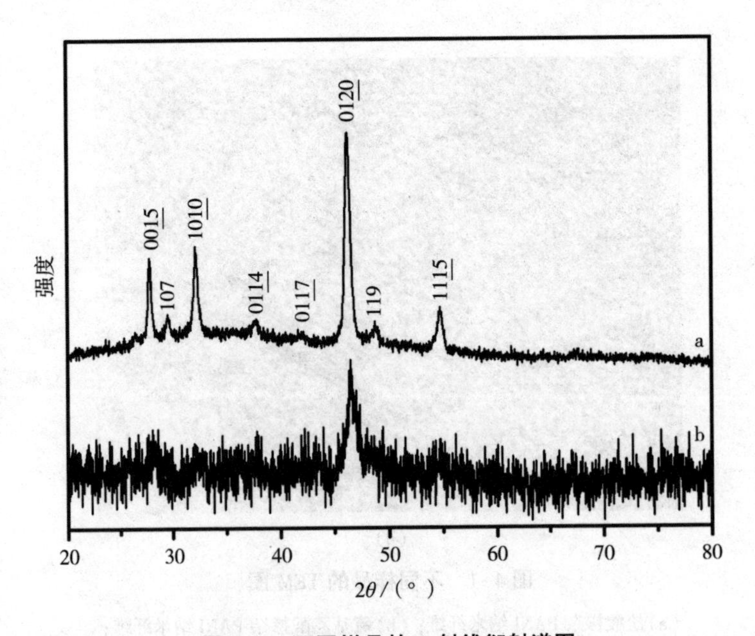

图 4-2 不同样品的 X 射线衍射谱图

(a)单纯硫化铜纳米粒子;(b)聚苯胺/硫化铜复合纳米纤维

同时我们也利用 X 射线光电子能谱对得到的聚苯胺/硫化铜复合纳米纤维的表面元素及其价态进行了表征。图 4-3 为聚苯胺/硫化铜复合纳米纤维的 X 射线光电子能谱图，它表明该复合纳米纤维表面含有 Cu、S、C 和 N 四种元素。其中，如图 4-3(a)所示，Cu 2p 能谱在 932.4 eV 和 952.3 eV 处出现的两个尖锐特征峰，分别归属于 Cu^{+}的 Cu $2p_{3/2}$ 和 Cu $2p_{1/2}$。值得注意的是，Cu $2p_{3/2}$ 峰呈现非对称性，且在>934.0 eV 处存在较弱的肩峰，这表明产物中存在少量的 Cu^{2+}。因此，可以确认产物中 Cu 元素以 Cu^{+}和 Cu^{2+}两种价态形式共存。由图 4-3(b)可知，S 2p 的键能主峰出现在 162.9 eV，这主要归属于形成的 Cu—S 键；而位于 168.7 eV 处较弱的信号峰则对应于—SO_3—或 SO_4^{2-}。上述两种元素峰位的归属与 X 射线衍射谱图的结果相吻合。C 1s 能谱的主峰位于 284.8 eV，如图 4-3(c)所示，进一步分析可将其分为两个峰：284.6 eV 的峰对应于 C—C 键，而 285.2 eV 的峰则与 C—N 键相关。由图 4-3(d)可知，N 1s 能谱可以分为两个主要部分：400.1 eV 和 399.1 eV，它们分别对应于—NH—和═N—。这说明在生长 Cu_9S_5 纳米粒子后，PANI 的掺杂度有所降低。

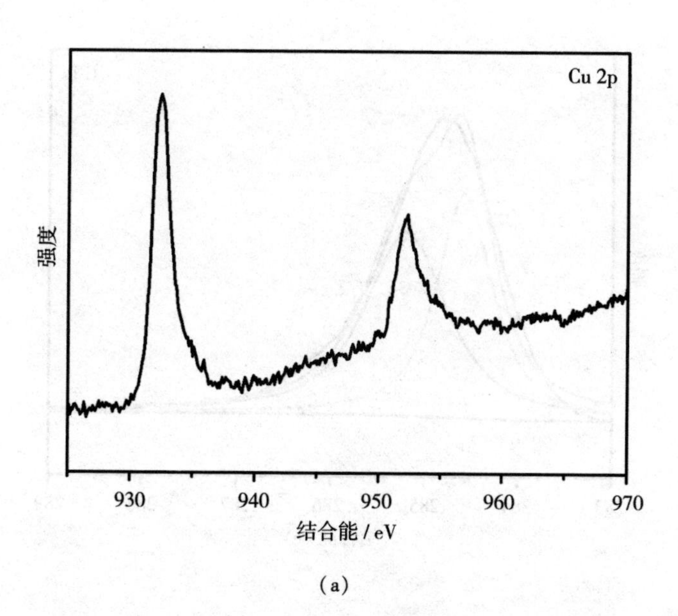

(a)

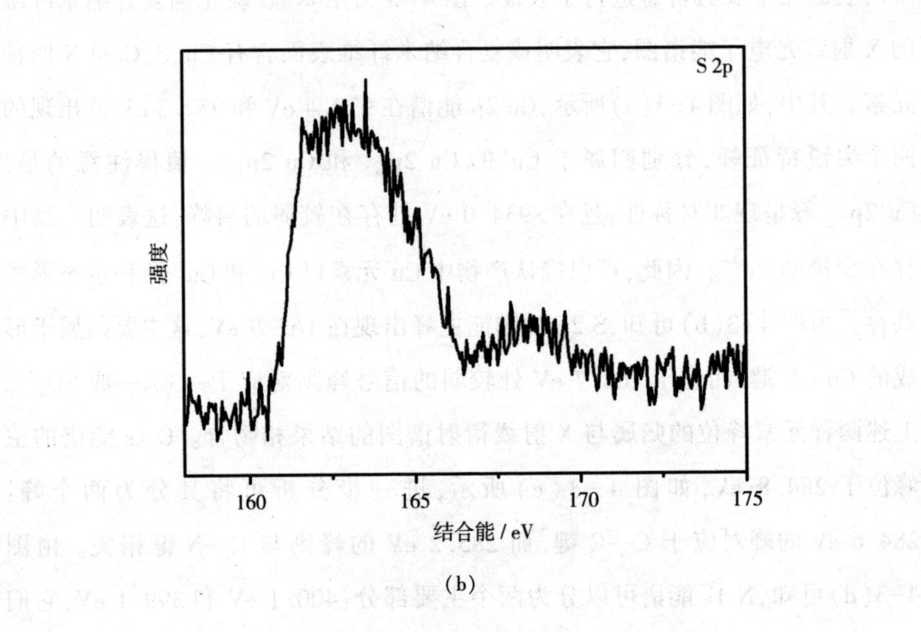
S 2p
强度
160
165
170
175
结合能 / eV

(b)

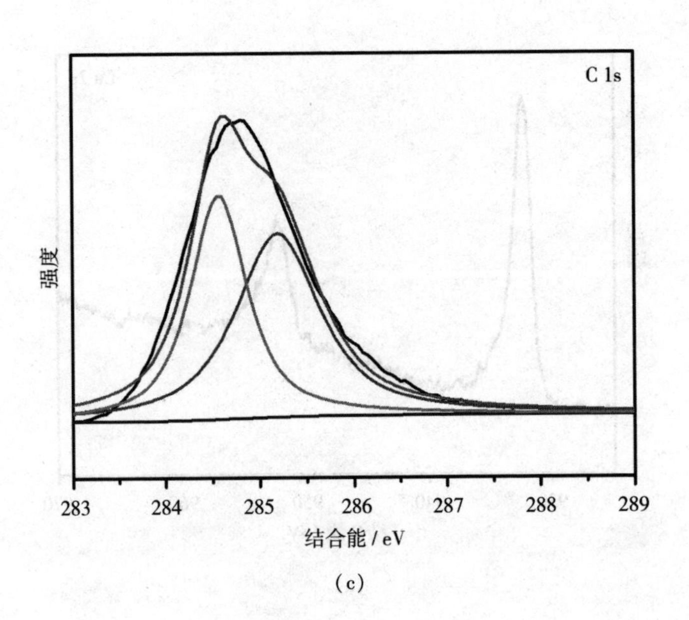
C 1s
强度
283
284
285
286
287
288
289
结合能 / eV

(c)

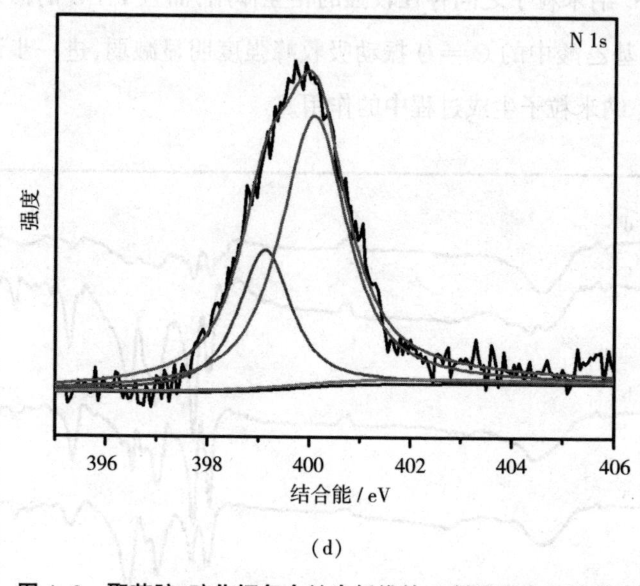

(d)

图 4-3　聚苯胺/硫化铜复合纳米纤维的 X 射线光电子能谱图

(a) Cu 2p; (b) S 2p; (c) C 1s; (d) N 1s

图 4-4 为盐酸掺杂 PANI 纳米纤维、去掺杂 PANI 纳米纤维、巯基乙酸掺杂 PANI 纳米纤维以及聚苯胺/硫化铜纳米纤维的傅里叶变换红外光谱图。从图 4-4(a) 可以看出，盐酸掺杂 PANI 纳米纤维在 1 581 cm^{-1}、1 495 cm^{-1}、1 304 cm^{-1}、1 142 cm^{-1}、821 cm^{-1} 处出现了明显的吸收峰，这些峰分别对应于 PANI 醌环的 C═C 伸缩振动、PANI 苯环的 C═C 伸缩振动、C—N 伸缩振动、N—Q—N(Q 代表醌环) 模式振动以及 1,4-取代苯环中 C—H 面外弯曲振动。经过氨水去掺杂后，PANI 醌环和苯环 C═C 伸缩振动峰分别红移至 1 591 cm^{-1} 和 1 500 cm^{-1} 处，如图 4-4(b) 所示。再经过巯基乙酸掺杂后，这两个峰又分别蓝移至 1 581 cm^{-1} 和 1 498 cm^{-1} 处，同时在 1 664 cm^{-1} 处出现了一个新的吸收峰，该峰归属于巯基乙酸中的 C═O 伸缩振动吸收，如图 4-4(c) 所示。对于聚苯胺/硫化铜复合纳米纤维，由图 4-4(d) 可知，上述五个主要峰的位置分别位于 1 591 cm^{-1}、1 500 cm^{-1}、1 300 cm^{-1}、1 130 cm^{-1}、822 cm^{-1}，这表明

PANI 与 Cu_9S_5 纳米粒子之间存在较强的相互作用，而且 PANI 的掺杂度相对较低。另外，巯基乙酸中的 C＝O 振动吸收峰强度明显减弱，进一步证实了巯基乙酸在 Cu_9S_5 纳米粒子生成过程中的作用。

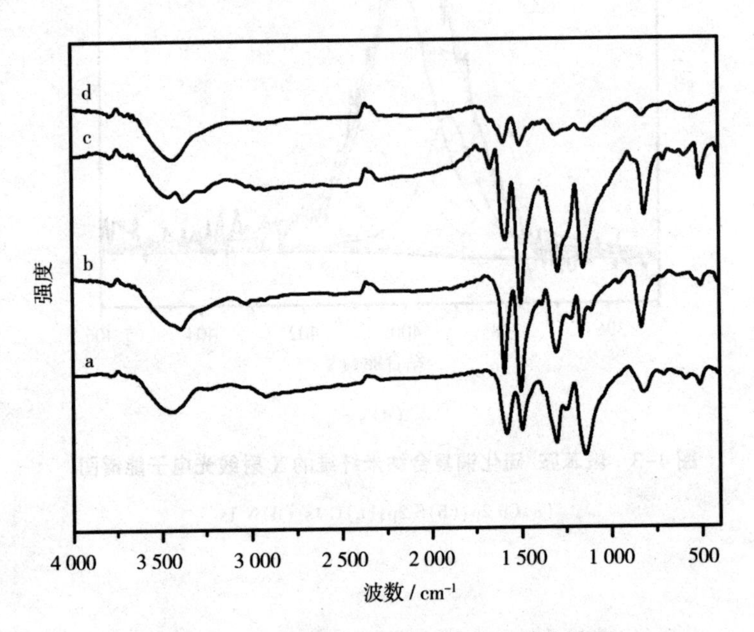

图4-4　不同样品的傅里叶变换红外光谱图

(a)盐酸掺杂 PANI 纳米纤维；(b)去掺杂 PANI 纳米纤维；

(c)巯基乙酸掺杂 PANI 纳米纤维；(d)聚苯胺/硫化铜复合纳米纤维

附图1为盐酸掺杂 PANI 纳米纤维水分散液、去掺杂 PANI 纳米纤维水分散液、巯基乙酸掺杂 PANI 纳米纤维水分散液以及制得的聚苯胺/硫化铜复合纳米纤维水分散液的光学图。由光学图我们可以观察到，在去掺杂—再掺杂—水热处理过程中，产物水分散液的颜色经历了深绿—深蓝—翠绿—蓝黑的显著变化①。图4-5为这些物质相应的紫外-可见吸收光谱图。从图4-5曲线 a 中可以看出，盐酸掺杂 PANI 纳米纤维具有三个特征吸收带：360 nm、425 nm 以及>800 nm。这些吸收带分别对应于苯环 $\pi-\pi^*$ 电子跃迁、链间或链内电荷传递引起的苯式激发态跃迁以及极化子吸收峰。经过氨水去掺杂后，吸收光

① 该颜色变化可参见书后图1。

谱发生了变化，如图 4-5 曲线 b 所示，在 340 nm 和 670 nm 处出现了新的吸收峰，它们分别对应于苯环的 $\pi-\pi^*$ 电子跃迁以及苯环-醌环跃迁。再经过巯基乙酸掺杂后，由图 4-5 曲线 c 可知，吸收光谱又发生了新的变化，在 358 nm、450 nm 以及>800 nm 处再次出现了特征吸收峰，分别对应于苯环的 $\pi-\pi^*$ 电子跃迁、链间或链内电荷传递引起的苯式激发态跃迁以及极化子吸收峰。对于聚苯胺/硫化铜复合纳米纤维水分散液，如图 4-5(d)所示，其紫外-可见吸收光谱在 333 nm 和 630 nm 处出现了吸收峰，这两个峰分别对应于苯环的 $\pi-\pi^*$ 电子跃迁以及苯环-醌环跃迁。这一结果说明聚苯胺/硫化铜复合纳米结构材料中，PANI 的掺杂度相对较低。

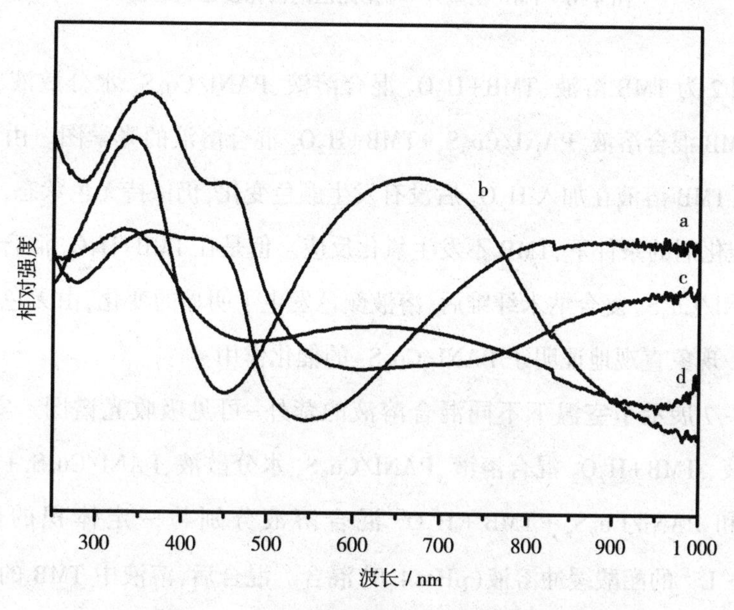

图 4-5　不同样品的紫外-可见吸收光谱图

(a)盐酸掺杂 PANI 纳米纤维水分散液；(b)去掺杂 PANI 纳米纤维水分散液；

(c)巯基乙酸掺杂 PANI 纳米纤维水分散液；(d)聚苯胺/硫化铜复合纳米纤维水分散液

4.2.3　聚苯胺/硫化铜复合纳米纤维的类过氧化物酶性质研究

作为过氧化物酶的常用底物，TMB 在氧化前后会经历明显的颜色变化，这一变化不仅易于肉眼观察,同时在紫外-可见光区的吸收情况也会有明显的变化。图 4-6 展示了 TMB 在紫外-可见光区的催化反应机理图。基于此,本章以催化 H_2O_2 氧化 TMB 的实验为例,研究所制备的聚苯胺/硫化铜($PANI/Cu_9S_5$)复合纳米纤维的类过氧化物酶活性。

$$TMB\ (无色) + H_2O_2 + 2H^+ \xrightarrow{催化剂} TMB_{OX}\ (蓝色,652\ nm) + 2H_2O$$

图 4-6 TMB 在紫外-可见光区的催化反应机理图

附图 2 为 TMB 溶液、TMB+H_2O_2 混合溶液、$PANI/Cu_9S_5$ 水分散液、$PANI/Cu_9S_5$+TMB 混合溶液、$PANI/Cu_9S_5$+TMB+H_2O_2 混合溶液的光学图。由该图可知,单纯 TMB 溶液在加入 H_2O_2 后没有发生颜色变化,仍保持无色状态,这表明在没有催化剂的条件下,TMB 不发生氧化反应。但是在 TMB+H_2O_2 混合溶液中加入 $PANI/Cu_9S_5$ 复合纳米纤维后,溶液颜色发生了明显的变化,由无色变为蓝色①,这一现象直观地证明了 $PANI/Cu_9S_5$ 的催化作用。

图 4-7 展示了室温下不同混合溶液的紫外-可见吸收光谱图。实验中,TMB 溶液、TMB+H_2O_2 混合溶液、$PANI/Cu_9S_5$ 水分散液、$PANI/Cu_9S_5$+TMB 混合溶液和 $PANI/Cu_9S_5$+TMB+H_2O_2 混合溶液分别与一定体积的浓度为 0.1 $mol \cdot L^{-1}$ 的醋酸缓冲溶液(pH=4.0)混合。混合后,溶液中 TMB 的浓度为 0.1 $mmol \cdot L^{-1}$, H_2O_2 的浓度为 65.0 $mmol \cdot L^{-1}$, $PANI/Cu_9S_5$ 的浓度为 20 $\mu g \cdot mL^{-1}$。光谱图显示,TMB 溶液、TMB+H_2O_2 混合溶液、$PANI/Cu_9S_5$ 水分散液、$PANI/Cu_9S_5$+TMB 混合溶液在 350~800 nm 范围内均没有出现明显的吸收峰。然而,当 $PANI/Cu_9S_5$ 复合纳米纤维被加到 TMB+H_2O_2 混合溶液中后,在 369 nm、453 nm、652 nm 处分别出现了明显的吸收峰,它们对应于 TMB 氧化产

① 该颜色变化可参见书后图 2。

物的特征吸收峰。这些结果证明 PANI/Cu_9S_5 复合纳米纤维具有类过氧化物酶的催化活性,可有效催化 TMB 的氧化反应。

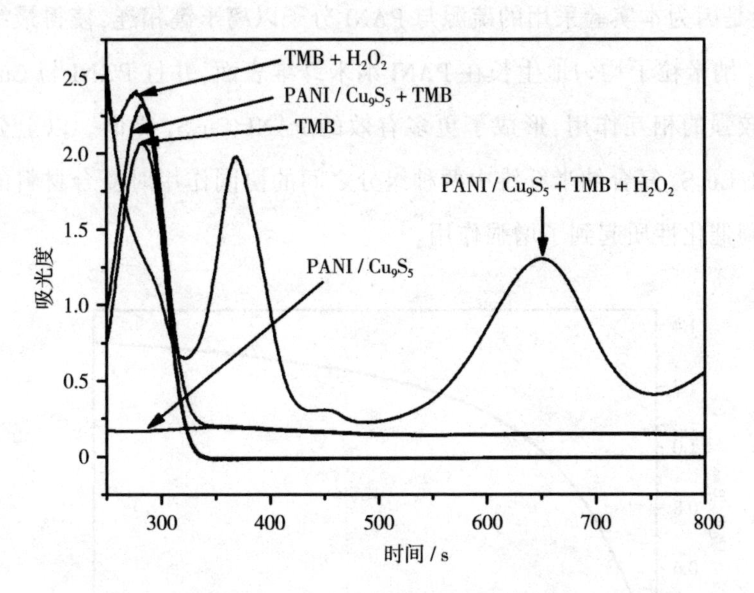

图 4-7　室温条件下不同混合溶液的紫外-可见吸收光谱图

我们使用时间模式监测了分别以 Cu_9S_5 纳米粒子、PANI 纳米纤维、PANI/Cu_9S_5 复合纳米纤维为催化剂,催化 H_2O_2 氧化 TMB 反应过程中溶液的吸光度随时间变化的关系曲线。图 4-8 为室温条件下,分别将 Cu_9S_5纳米粒子、PANI 纳米纤维和 PANI/Cu_9S_5 复合纳米纤维与一定体积的 0.1 mol · L^{-1} 醋酸缓冲溶液(pH=4.0)混合后,所得混合溶液在 652 nm 处吸光度随时间变化的曲线。图 4-8 曲线 a 显示,单纯 Cu_9S_5 纳米粒子的吸光度值在 600 s 内有略有增加(由 0.096 增加到 0.130),说明单纯 Cu_9S_5 纳米粒子有一定的催化能力,但是催化效果很差。由图 4-8 曲线 b 可以看出,单纯 PANI 纳米纤维对 TMB 的氧化反应没有催化效果,其吸光度在 600 s 内没有发生明显的变化。图 4-8 曲线 c 显示以 PANI/Cu_9S_5 复合纳米纤维为催化剂时,TMB 的氧化反应的催化效果远远高于以单纯 Cu_9S_5 纳米粒子或者 PANI 纳米纤维为催化剂的催化效果。

我们分析 $PANI/Cu_9S_5$ 复合纳米纤维具有如此高的催化活性,一方面可归功于 PANI 的导电性,它可以加速 TMB 与 Cu_9S_5 之间的电子传递;另一方面,可能是因为本实验采用的硫源与 PANI 分子以离子键相连,使得最终得到的 Cu_9S_5 纳米粒子均匀地生长在 PANI 纳米纤维表面,并且 PANI 与 Cu_9S_5 之间具有较强的相互作用,形成了更多有效的 $PANI/Cu_9S_5$ 界面。以上分析说明 $PANI/Cu_9S_5$ 复合纳米纤维中两种组分之间的协同作用对复合材料的类过氧化物酶催化性质起到了增强作用。

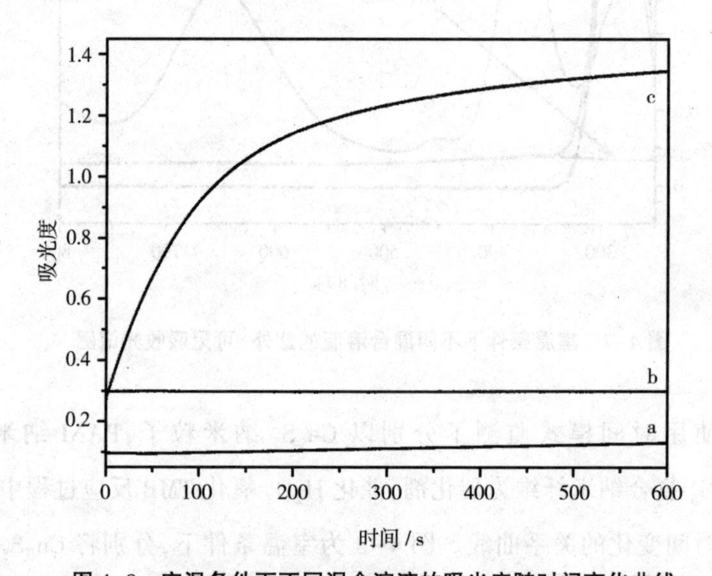

图 4-8　室温条件下不同混合溶液的吸光度随时间变化曲线

(a)单纯 Cu_9S_5 纳米粒子;(b)单纯 PANI 纳米纤维;(c) $PANI/Cu_9S_5$ 复合纳米纤维

4.3　本章小结

在本章中,我们首先制备了巯基乙酸掺杂 PANI 纳米纤维,然后以 PANI 中的掺杂剂——巯基乙酸——为硫源,加入氯化铜,在水热条件下制备了 $PANI/Cu_9S_5$ 复合纳米纤维。为深入了解产物的形貌与结构特性,我们利用透射电子显微镜、紫外-可见吸收光谱、傅里叶变换红外光谱、X 射线光电子能谱等测试手段进行表征。另外,我们还利用紫外-可见分光光度计对该复合纳米纤维的类过氧化物酶催化性质进行了研究,总结如下。

(1)我们采用与 PANI 分子以离子键相连的巯基乙酸为硫源,利用水热合成法成功制备了相容性极佳的聚苯胺/硫化铜复合纳米纤维。其中,硫化铜纳米粒子呈现为 Cu_9S_5 结构,粒径在 5.0~20.0 nm 之间。傅里叶变换红外光谱测试结果表明,PANI 与 Cu_9S_5 之间存在较强的相互作用。

(2)我们设计了催化 H_2O_2 氧化 TMB 的实验以便更好地研究 PANI/Cu_9S_5 复合纳米纤维的类过氧化物酶催化性质。实验结果表明,本书制备的 PANI/Cu_9S_5 复合纳米纤维具有优越的类过氧化物酶催化性质。进一步的分析结果表明,这种增强的催化效果主要归功于 PANI 与 Cu_9S_5 两种组分之间的协同作用,使得 PANI/Cu_9S_5 复合纳米纤维在催化效果上明显优于单纯 PANI 纳米纤维或者单纯 Cu_9S_5 纳米粒子。

第5章　聚苯胺/普鲁士蓝复合纳米纤维的制备及类过氧化物酶性质研究

天然蛋白质酶由于其优异的性质(如在温和条件下可展现出高催化效率及对底物的高度选择识别能力等)而被广泛研究与应用。然而,其催化活性很容易受外界环境(如酸性、温度、抑制物等)因素的影响,加之酶的制备和储存成本昂贵,且不易回收,这在一定程度上限制了它的广泛应用。因此,近年来,开发及构筑新型模拟酶已经成为新的研究热点。模拟酶,顾名思义,指的是人工合成或经过人工修饰的用来模拟酶的结构、特性、作用原理及其在生物体内化学反应过程的分子。其中,过氧化物模拟酶已被成功开发并应用于 H_2O_2 的检测,代表物质包括血晶素、血色素、环糊精及卟啉等。

纳米材料凭借其独特的小尺寸效应、表面与界面效应及宏观量子隧道效应,显著改变了物质的一些性质和性能,目前已被广泛用于微电子、化学传感、生物医药和环境保护等领域。自1970年中国科学院阎锡蕴研究团队首次发现氧化铁纳米颗粒具有类过氧化物酶性质以来,纳米过氧化物模拟酶的研究便蓬勃发展。与蛋白酶相比,这种纳米模拟酶具有成本低廉、合成简单的特点,在恶劣的环境中也能保持很好的稳定性,且其催化性质可以通过设计和调整结构与组成来灵活调控。因此,具有高催化活性的纳米过氧化物模拟酶在酶学相关领域展现出广阔的应用前景。

目前,纳米过氧化物模拟酶主要可分为以下几类:

(1)过渡金属氧化物、硫化物及其复合物等(如铁的氧化物、硫化物及金属掺杂铁酸盐等)的纳米结构;

(2)以GO、单壁碳纳米管、碳量子点为代表的碳基纳米材料;

(3)贵金属及其合金纳米结构。

其中,铁基微/纳米材料,如 Fe_3O_4、FeS、$FePO_4$、$CoFe_2O_4$、$Mn_xFe_{3-x}O_4$ 等,因其丰富的种类与优异的性能而成为研究热点。

PB作为一种铁的混合价态化合物,其分子式为 $Fe_4^{III}[Fe^{II}(CN)_6]_3$,因具备优异的催化性能而被广泛应用于 H_2O_2 的电化学传感器和类芬顿试剂等领域。有研究表明PB同样展现出类过氧化物酶特性。尽管PB可以通过直接混合 Fe^{3+} 和 $[Fe(CN)_6]^{4-}$ 溶液制备,但是反应速率过快将导致PB粒子粒径难以控制。本团队前期研究表明,在石墨烯或PPy等还原剂存在的条件下,Fe^{3+} 和 $[Fe(CN)_6]^{3-}$ 溶液反应可以生成粒径较小的PB纳米粒子,并原位生长在还原剂纳米结构表面,有效抑制粒子聚集。作为导电聚合物的一员,PANI也具有一定的还原能力,可将贵金属盐还原成零价贵金属。基于此,我们利用 PANI 纳米纤维作为还原剂及载体,制备聚苯胺/普鲁士蓝(PANI/PB)复合纳米纤维,并首次研究了其在 H_2O_2 比色检测方面的类过氧化物酶应用。

5.1 实验部分

5.1.1 实验试剂

本章所列试剂除苯胺单体外,均可直接使用,不用进一步提纯。实验室常规用水为自制的蒸馏水,而催化实验专用水则为购买的纯净水。

5.1.1.1 苯胺单体

本章所用苯胺单体在使用前需经锌粉还原处理并进行减压蒸馏以提纯。

5.1.1.2 过硫酸铵

本章所用 APS(≥98.0%)为分析纯试剂。

5.1.1.3 氯化钾

本章所用氯化钾(KCl,≥99.5%)为分析纯试剂。

5.1.1.4 铁氰化钾

本章所用 $K_3[Fe(CN)_6]$(≥99.5%)为分析纯试剂,其纯度不低于 99.5%。

5.1.1.5 浓盐酸

本章所用浓盐酸(36.0%~38.0%)为分析纯试剂。

5.1.1.6 六水合三氯化铁

本章所用 $FeCl_3 \cdot 6H_2O$(≥99.0%)为分析纯试剂。

5.1.1.7　3,3′,5,5′-四甲基联苯胺

本章所用TMB(≥99.0%)为生物试剂。

5.1.1.8　过氧化氢

本章所用H_2O_2(≥30.0%)为分析纯试剂。

5.1.1.9　冰醋酸

本章所用冰醋酸(≥99.8%)为优级纯试剂。

5.1.1.10　无水乙酸钠

本章所用无水乙酸钠(≥99.0%)为优级纯试剂。

5.1.1.11　无水乙醇

本章所用无水乙醇(≥99.7%)为优级纯试剂。

5.1.1.12　二甲基亚砜

本章所用DMSO(≥99.0%)为优级纯试剂。

5.1.2　材料制备

5.1.2.1　盐酸掺杂聚苯胺纳米纤维的制备

我们参照文献中的方法制备盐酸掺杂PANI纳米纤维,具体制备过程如下。首先,将0.30 g苯胺单体和0.18 g APS分别溶解在10 mL浓度为1 mol·L^{-1}的盐酸溶液中。随后,将这两种溶液迅速混合并剧烈振荡约1 min,然后静置反应2 h。反应结束后,通过离心分离产物,并依次用水和乙醇洗涤。最后,将洗涤后的产物干燥,即可得到盐酸掺杂PANI纳米纤维。

5.1.2.2 聚苯胺/普鲁士蓝复合纳米纤维的制备

首先,称取 5 mg 盐酸掺杂 PANI 纳米纤维,并通过超声将其均匀分散到 20 mL 浓度为 0.01 mol · L^{-1} 的盐酸溶液中。同时,制备铁盐溶液。将 0.019 6 g $FeCl_3 \cdot 6H_2O$、0.025 2 g $K_3[Fe(CN)_6]$ 和 0.111 6 g 氯化钾加入到 15 mL 蒸馏水中,并滴加一定量的浓盐酸,调节溶液 pH 值至 2。然后,向盐酸掺杂 PANI 纳米纤维分散液中加入一定量的铁盐溶液,并在室温条件下搅拌反应 2 h。反应结束后,将得到的固体产物通过离心收集,并用水和乙醇反复洗涤数次。最后,将洗涤后的产物置于真空烘箱中,在 40 ℃下干燥过夜。我们将此产品命名为 PANI/PB-*m* 复合纳米纤维,其中 *m* 值代表在制备过程中加入的铁盐溶液的体积(mL)。

5.1.2.3 类过氧化物酶催化性质研究

1. 溶液 pH 值的影响。

将得到的 PANI/PB-8 复合纳米纤维通过超声分散到水中,配制成浓度为 1.0 mg · mL^{-1} 的 PANI/PB-8 水分散液。在 3 mL 浓度为 0.1 mol · L^{-1} 的醋酸钠-醋酸缓冲溶液(pH = 2 ~ 6)中,加入 20 μL 浓度为 15.0 mmol · L^{-1} 的 TMB (DMSO)溶液、4 μL H_2O_2 水溶液(30%),然后加入 20 μL PANI/PB-8 水分散液,从而实现对 TMB 的催化氧化。反应进度利用紫外-可见吸收光谱仪的时间扫描模式进行监测。

2. 普鲁士蓝纳米粒子含量的影响。

将得到的 PANI/PB-*m*(*m* = 3、5、8)复合纳米纤维超声分散到水中配制成浓度为 1.0 mg · mL^{-1} 的 PANI/PB-*m* 水分散液。其余步骤同 5.1.2.3 中溶液 pH 值的影响实验的内容。需要注意的是,醋酸钠-醋酸缓冲溶液的 pH 定为该实验中确定的最佳 pH 值。

3. 过氧化氢浓度的影响。

将 5.1.2.3 中 PB 纳米粒子含量实验中确定的最佳样品制成浓度为 1.0 mg · mL^{-1} 的水分散液;在 3 mL 浓度为 0.1 mol · L^{-1} 的醋酸钠-醋酸缓冲溶液(pH 值为 5.1.2.3 中溶液 pH 值的影响实验中确定的最佳 pH 值)中,加入 20 μL 浓度为 15 mmol · L^{-1} 的 TMB(DMSO)溶液,随后加入不同体积

(2~20 μL)不同浓度(15.00 mmol · L^{-1}~0.15 mol · L^{-1})的 H_2O_2 水溶液,其余步骤同 5.1.2.3 中溶液 pH 值的影响实验的内容。

5.1.3　实验仪器

(1)超声波清洗器(功率 50 W);
(2)高速冷冻离心机;
(3)真空干燥箱;
(4)透射电子显微镜(TEM,加速电压为 100 kV);
(5)X 射线衍射仪(XRD,Cu Kα 的波长为 1.541 8 Å);
(6)傅里叶变换红外光谱仪(FTIR);
(7)紫外-可见吸收光谱仪(UV-vis)。

5.2　结果与讨论

5.2.1　聚苯胺/普鲁士蓝复合纳米纤维的形貌表征及形成机理

本团队前期研究表明,在还原剂(如 PPy、rGO 等)存在的条件下,将含 Fe^{3+} 与 $[Fe(CN)_6]^{3-}$ 的溶液混合可以生成 PB 纳米粒子。在本章中,我们进一步研究了将不同体积的铁盐溶液与 PANI 纳米纤维分散液混合后的反应。在混合过程中,扩散到 PANI 纳米纤维表面的部分 Fe^{3+} 得到电子被还原为 Fe^{2+},随后这些 Fe^{2+} 与 $[Fe(CN)_6]^{3-}$ 结合,在 PANI 纳米纤维表面原位生成了 PB 纳米粒子。由于 Fe^{2+} 是逐渐生成的,因此 PB 的生成速率相较于直接混合有所减缓,从而导致了生成的 PB 粒径较小。

图 5-1 为不同样品的 TEM 图。从图 5-1(a)中,我们可以清晰地看到盐酸掺杂 PANI 呈纳米纤维结构,其纤维直径在 50~100 nm 范围内,且纤维表面比较光滑。当它与铁盐溶液反应后,纤维表面因有细小的纳米粒子生成而变得粗糙,同时纤维直径也明显增大。放大的 TEM 图显示 PB 纳米粒子粒径在 20 nm 左右。随着反应中铁盐溶液体积逐渐增大,如图 5-1(b)

至图 5-1(d)所示,PANI 纳米纤维表面的 PB 纳米粒子数量逐渐增加,而且这些纳米粒子都均匀地生长在纤维表面,基本没有单独存在的情况。因为 PANI/PB-8 复合纳米纤维具有数量最多且均匀分布的 PB 纳米粒子,所以我们推测其具有最高的催化活性。因此,在后续的化学组成及结构表征中,均采用 PANI/PB-8 样品进行测试。若无特殊说明,后文中提及的 PANI/PB 即代表 PANI/PB-8 样品。

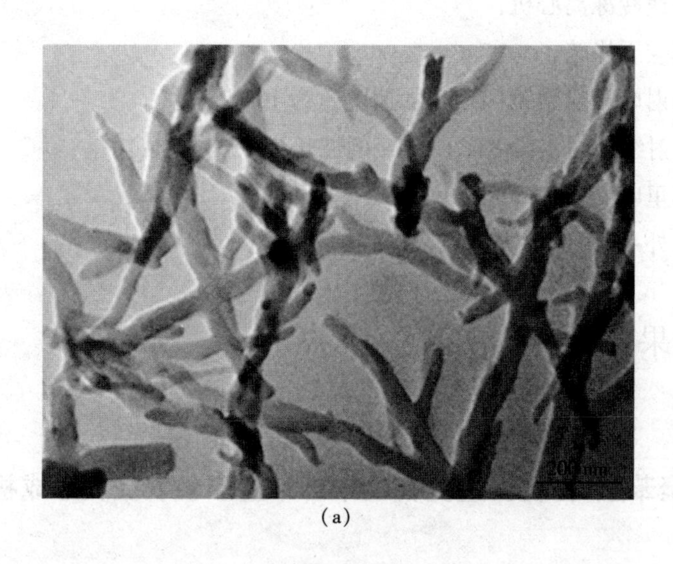

(a)

(b)

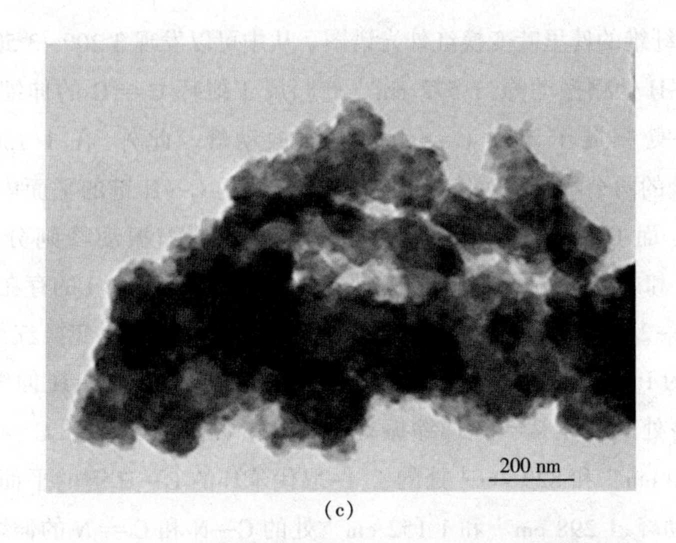

(c)

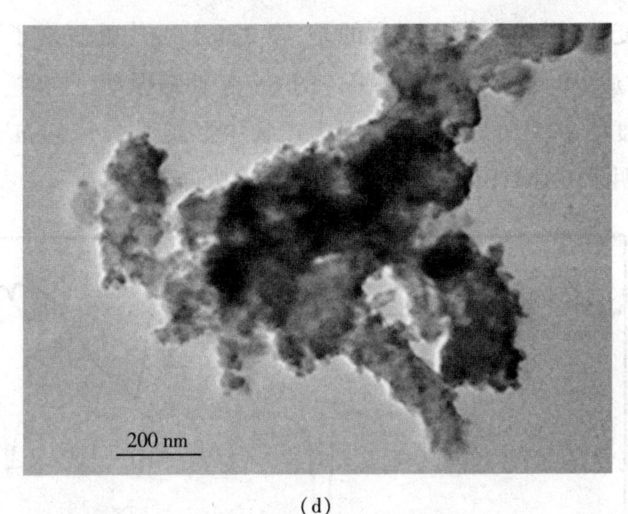

(d)

图 5-1 不同样品的 TEM 图

(a)盐酸掺杂 PANI 纳米纤维;(b)PANI/PB-3 复合纳米纤维;
(c)PANI/PB-5 复合纳米纤维;(d)PANI/PB-8 复合纳米纤维

5.2.2 聚苯胺/普鲁士蓝复合纳米纤维的化学组成及结构表征

首先我们利用傅里叶变换红外光谱对产物的化学组成进行了细致研究。图 5-2 展示了不同样品的傅里叶变换红外光谱图。其中,图 5-2(a)为单纯

PANI 纳米纤维的傅里叶变换红外光谱图。从中可以发现 3 200~3 500 cm^{-1} 处归属于 N—H 伸缩振动峰，1 572 cm^{-1} 处归属于醌环 C═C 的伸缩振动峰和 1 496 cm^{-1} 处归属于苯环 C═C 的伸缩振动峰。此外，在 1 130 cm^{-1} 和 829 cm^{-1} 处的两个峰分别对应于 1，4-取代苯环的 C—H 键的平面内和平面外弯曲振动。而 C—N（二级芳香胺）和 C═N 的伸缩振动峰则分别出现在 1 298 cm^{-1} 和 1 152 cm^{-1} 处。这些特征峰的存在证明了 PANI 的存在。

在图 5-2（b）所示的 PANI/PB 复合纳米纤维的傅里叶变换红外光谱中，上述提到的 PANI 特征峰（包括 3 200~3 500 cm^{-1} 处的 N—H 伸缩振动峰、1 572 cm^{-1} 处的醌环 C═C 伸缩振动峰、1 496 cm^{-1} 处的苯环 C═C 伸缩振动峰、1 130 cm^{-1} 和 829 cm^{-1} 处的 1，4-取代苯环的 C—H 键的平面内和平面外弯曲振动峰、1 298 cm^{-1} 和 1 152 cm^{-1} 处的 C—N 和 C═N 的伸缩振动峰）均没有明显变化。然而，值得注意的是，在 2 083 cm^{-1} 处新增了一个很强的吸收峰，它对应 PB 中的 Fe^{2+}-CN-Fe^{3+} 的 C—N 伸缩振动。同时，501 cm^{-1} 处的峰相对强度明显增加，这主要是因为产物中形成了 M-CN-M′结构。这两个峰共同证明了 PANI/PB 复合纳米纤维的成功合成。

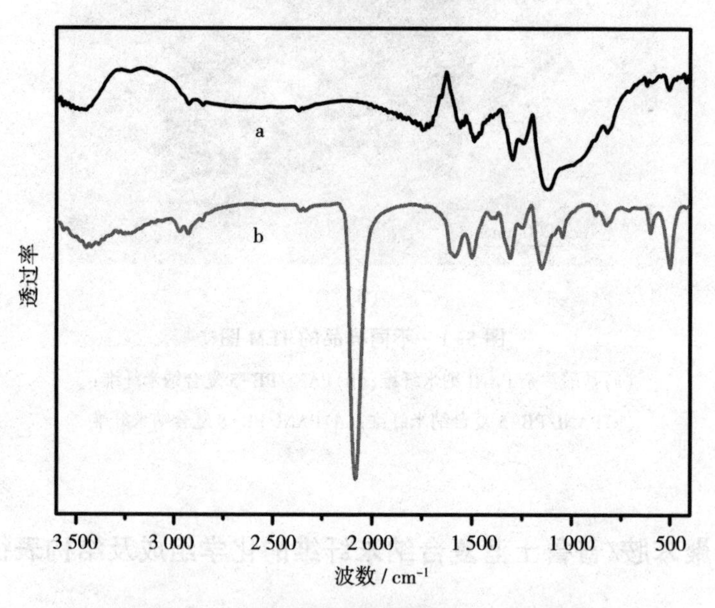

图 5-2　不同样品的傅里叶变换红外光谱图

（a）单纯 PANI 纳米纤维；（b）PANI/PB 复合纳米纤维

接下来我们利用 X 射线衍射仪对两种产物的结晶形态进行了表征。图 5-3 为不同样品的 X 射线衍射谱图。其中,图 5-3(a)为单纯 PANI 纳米纤维的 X 射线衍射谱图。从中可以观察到三个显著特征衍射峰,分别位于 2θ=15.1°、20.1°和 25.3°处,它们分别对应于掺杂态 PANI 的(020)(200)和(011)晶面。其中,(020)晶面与聚合物主链平行,而(011)晶面则与聚合物主链垂直。这些数据表明本书制备的 PANI 纳米纤维确实具有一定的结晶性。在图 5-3(b)中,对于 PANI/PB 复合纳米纤维,可观察到多个新的衍射峰,它们分别出现在 2θ=17.3°、24.5°、35.1°、39.4°、43.4°、50.5°、54.0°和 57.2°处。这些衍射峰与面心立方结构 PB 的(200)(220)(400)(420)(422)(440)(600)和(620)晶面(JCPDS card No. 73-0687)一一对应。

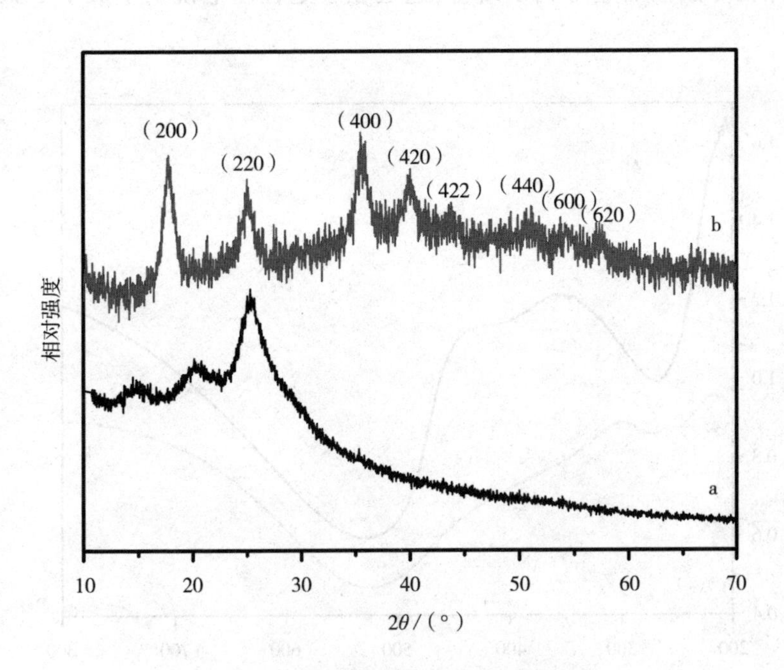

图 5-3　不同样品的 X 射线衍射谱图

(a)单纯 PANI 纳米纤维;(b)PANI/PB 复合纳米纤维

同时我们对产物的紫外-可见光谱进行了详细分析。图 5-4 为不同样品的紫外-可见吸收光谱图。其中,图 5-4 曲线 a 表明单纯 PANI 纳米纤维具有三个特征吸收带,分别位于355 nm、420 nm 和>700 nm 处,这些吸收带分别对应于苯环的 $\pi-\pi^*$ 电子跃迁、链间或链内电荷传递引起的苯式激发态跃迁和极化子吸收峰。由此可知,PANI 处在掺杂态。对于 PANI/PB 复合纳米纤维,如图 5-4 曲线 b 所示,在 212 nm 和 300 nm 处的吸收峰都与苯环的 $\pi-\pi^*$ 电子跃迁有关,而 420 nm 处的吸收峰消失,这说明 PANI 组分的掺杂度有所降低。值得注意的是,由于 PANI 和 PB 两种组分在>700 nm 的光谱带均有很强的吸收,所以从紫外-可见光谱中我们无法确定 PB 组分的存在。此外,由附图 3 所示的单纯 PANI 纳米纤维和 PANI/PB 复合纳米纤维水分散液的光学图可知,反应前后产物水分散液的颜色变化十分明显:由原来的墨绿色转变为蓝色①,且反应后的产物在水中的分散性明显得到了改善,这也在一定程度上说明生成了 PB 纳米粒子。

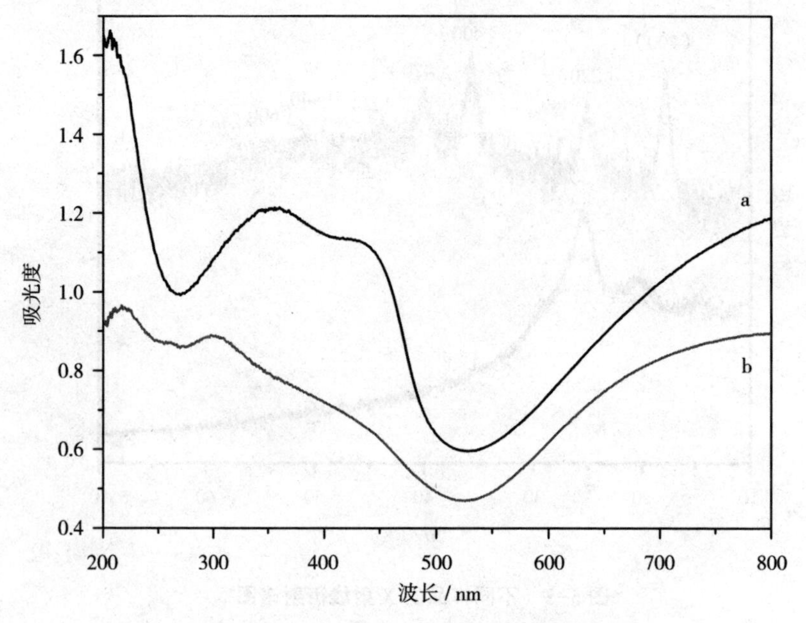

图 5-4　不同样品的紫外-可见吸收光谱图

(a)单纯 PANI 纳米纤维;(b)PANI/PB 复合纳米纤维

---

① 该颜色变化可参见书后图 3。

5.2.3 聚苯胺/普鲁士蓝复合纳米纤维的类过氧化物酶性质研究

本章中,我们以催化 H_2O_2 氧化 TMB 的实验为例,研究所制备的 PANI/PB 复合纳米纤维的类过氧化物酶活性。图 5-5 为室温下三种不同混合溶液的紫外-可见吸收光谱图,包括 TMB+H_2O_2 混合溶液、TMB+PANI/PB 混合溶液以及 TMB+H_2O_2+PANI/PB 混合溶液。混合溶液 pH 值为 4,其中 TMB 的浓度为 0.1 mmol · L^{-1},H_2O_2 的浓度为 13.0 mmol · L^{-1},PANI/PB 复合纳米纤维的浓度为 6.7 μg · mL^{-1}。由图 5-5(a)和图 5-5(b)可知,TMB+H_2O_2 和 TMB+PANI/PB 混合溶液在 500~800 nm 波长范围内均没有出现明显的吸收峰。然而,当将 PANI/PB 复合纳米纤维加入到 TMB+H_2O_2 溶液中后,如图 5-5(c)所示,在 652 nm 处出现了一个明显的吸收峰,它对应于 TMB 氧化产物的特征吸收峰。这些结果证明了 PANI/PB 复合纳米纤维具有类过氧化物酶的催化活性,能够有效催化氧化 TMB。

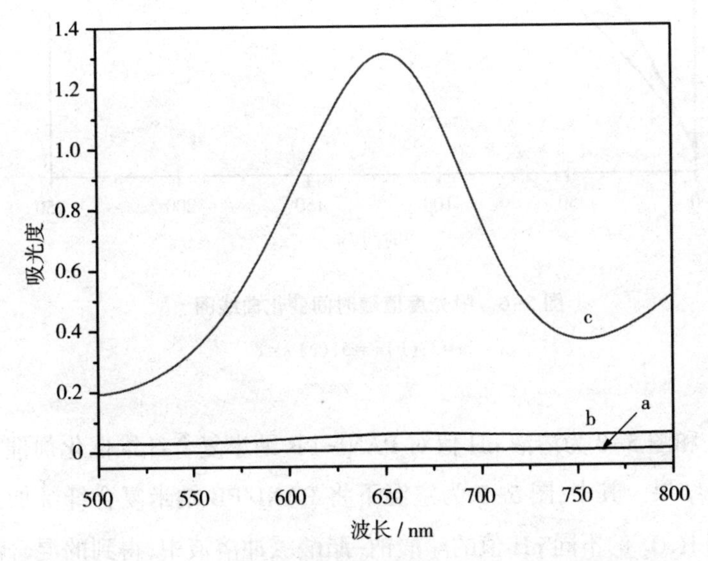

图 5-5　室温下不同样品的紫外-可见吸收光谱图

(a)TMB+H_2O_2 混合溶液;(b)TMB+PANI/PB 混合溶液;(c)TMB+H_2O_2+PANI/PB 混合溶液

随后我们考察了 PB 纳米粒子含量及溶液 pH 对 PANI/PB 复合纳米纤维催化 H_2O_2 氧化 TMB 的催化活性的影响。图 5-6 为室温下将不同 PANI/PB-*m*(*m*=3、5 或 8)纳米复合纤维加入到含有一定浓度 H_2O_2 的 0.1 mol · L^{-1} 乙酸钠-乙酸缓冲溶液(pH=4)中,得到的混合溶液在 652 nm 处吸光度值随时间变化曲线。其中,曲线 a 为 *m*=3 的情况,曲线 b 为 *m*=5 的情况,曲线 c 为 *m*=8 的情况。如图 5-6 所示,PANI/PB-3 的催化活性最低,虽然 PANI/PB-5 与 PANI/PB-8 样品的催化效果相近,但是 PANI/PB-8 的性质表现更佳,这一测试结果和我们的预期相符。

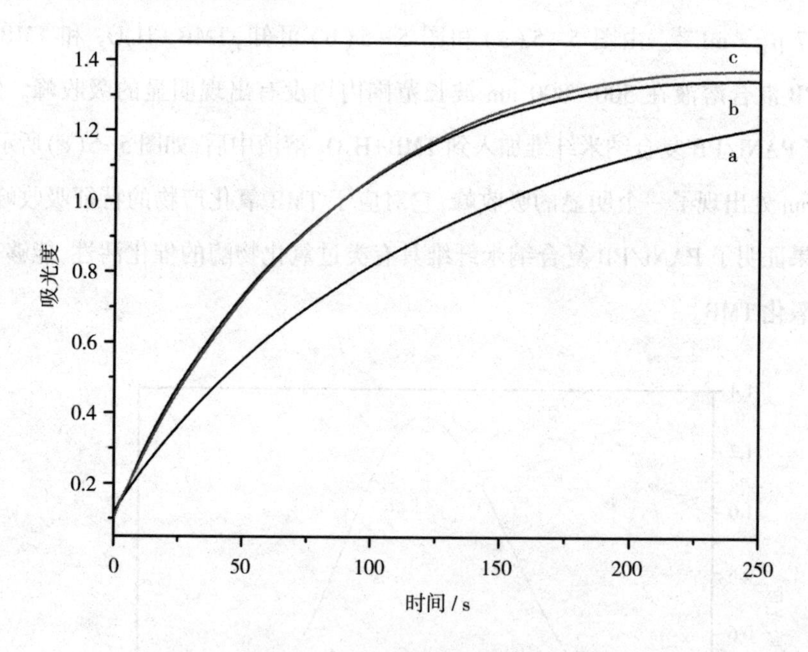

图 5-6　吸光度值随时间变化曲线图

(a)*m*=3;(b)*m*=5;(c)*m*=8

图 5-7 和图 5-8 为溶液 pH 值对 PANI-PB 纳米复合纤维催化剂催化活性影响的实验结果。其中,图 5-7 为室温下将 PANI/PB 纳米复合纤维加入到含有一定浓度 H_2O_2 的不同 pH 值的醋酸钠-醋酸缓冲溶液中,得到的混合溶液在 652 nm 处吸光度随 pH 值变化曲线,图 5-8 则为 PANI/PB 复合纳米纤维催化相对活性的 pH 依赖性曲线。曲线中最高点的值为 100%。由此二图可知,

PANI-PB 纳米复合纤维催化剂在 pH=4.0 的缓冲溶液中具有最高的催化活性。

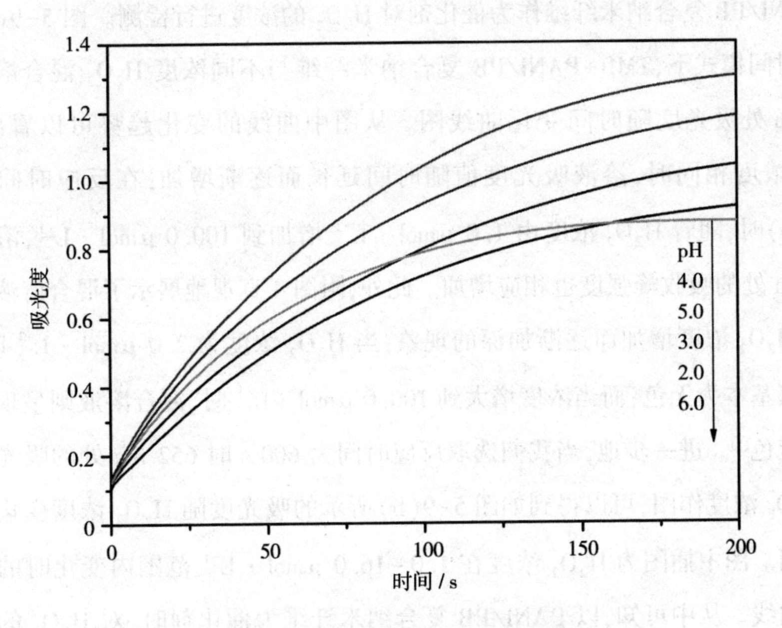

图 5-7 吸光度随 pH 值变化曲线图

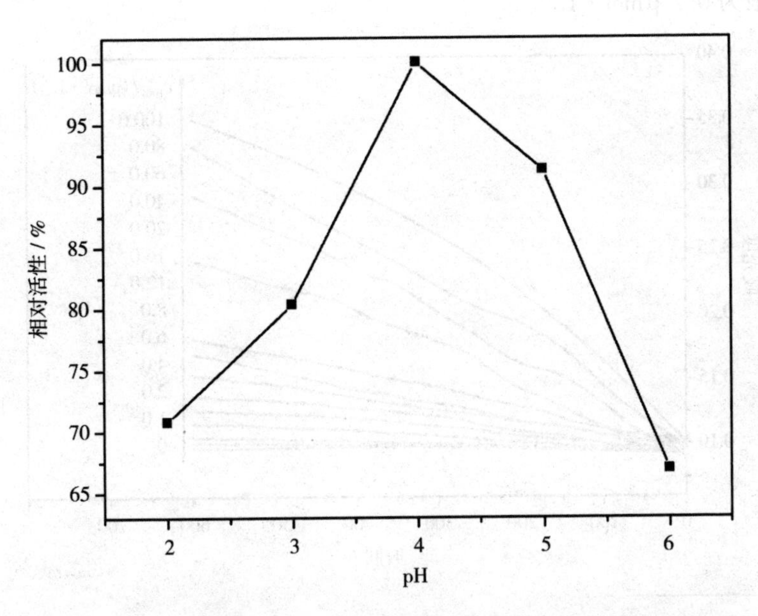

图 5-8 PANI/PB 复合纳米纤维催化相对活性的 pH 依赖性曲线图

基于以上实验结果,我们可以利用紫外-可见分光光度计在一定条件下,采用PANI/PB复合纳米纤维作为催化剂对H_2O_2的浓度进行检测。图5-9(a)展示了时间模式下,TMB+PANI/PB复合纳米纤维与不同浓度H_2O_2混合溶液在652 nm处吸光度随时间变化曲线图。从图中曲线的变化趋势可以看出,在H_2O_2浓度相同时,溶液吸光度值随时间延长而逐渐增加;在反应时间相同(600 s)时,随着H_2O_2浓度由1.0 μmol·L^{-1}增加到100.0 μmol·L^{-1},溶液在652 nm处的吸收峰强度也相应增加。此外,附图4直观地展示了混合溶液颜色随着H_2O_2浓度增加而逐渐加深的现象:当H_2O_2浓度为2.0 μmol·L^{-1}时,混合溶液基本为无色;而当浓度增大到100.0 μmol·L^{-1}时,混合溶液则呈现出明显的蓝色①。进一步地,当我们选取反应时间为600 s时652 nm处的吸光度值对H_2O_2浓度作图,可以得到如图5-9(b)所示的吸光度随H_2O_2浓度变化点状分布图。图中插图为H_2O_2浓度在1.0~16.0 μmol·L^{-1}范围内变化时的线性拟合曲线。从中可知,以PANI/PB复合纳米纤维为催化剂时,对H_2O_2的检测线性范围为1.0~16.0 μmol·L^{-1},R^2=0.998。基于信噪比为3的标准,计算可得检测限为0.2 μmol·L^{-1}。

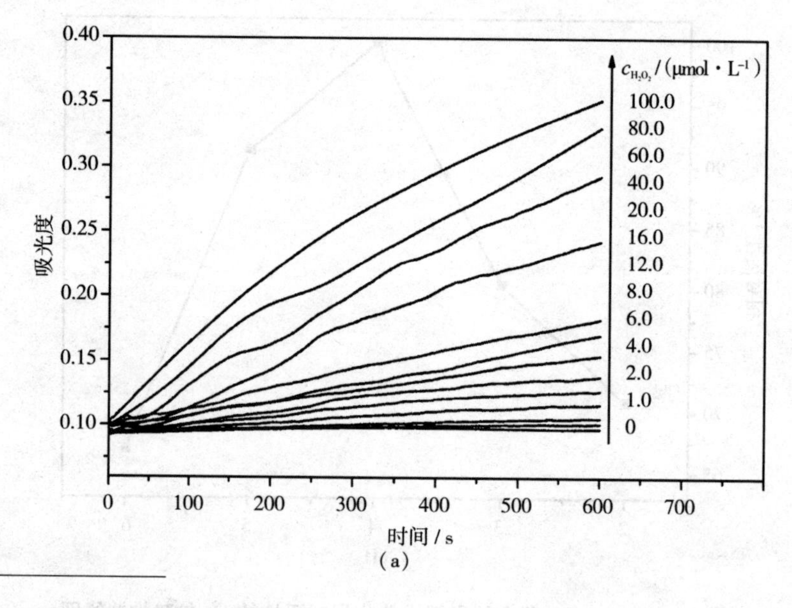

(a)

① 该颜色变化可参见书后图4。

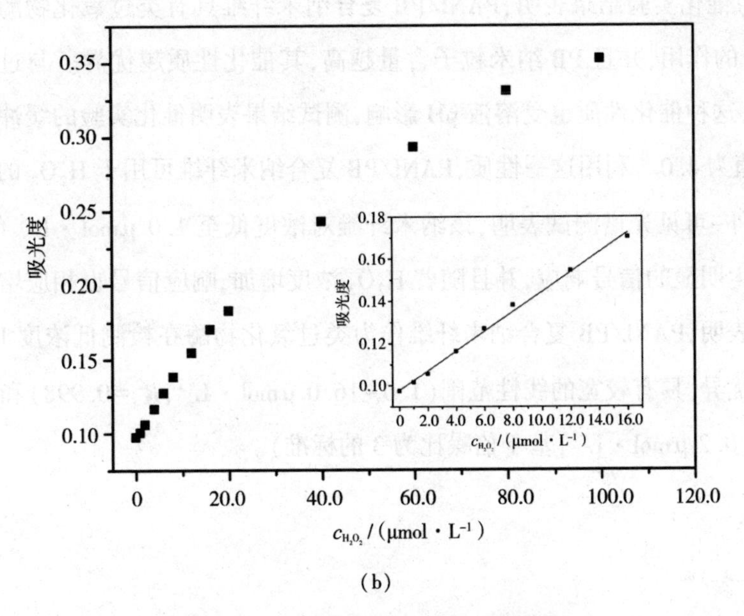

(b)

图5-9　(a)吸光度随时间变化曲线图；

(b)吸光度值随 H_2O_2 浓度变化点状分布图

以及 H_2O_2 浓度在 1.0~16.0 μmol·L^{-1} 范围时的线性拟合曲线

5.3　本章小结

本章以PANI纳米纤维为还原剂，通过与铁盐溶液混合，成功制备了PANI/PB复合纳米纤维。采用透射电子显微镜对产物的形貌进行了表征，并借助傅里叶变换红外光谱仪、紫外-可见吸收光谱仪和X射线衍射仪等测试手段对产物的化学组成、结晶形态等进行了研究。同时，还对PANI/PB复合纳米纤维的类过氧化物酶性质进行了系统性探究。现得出结论如下。

(1)本章成功制备了PANI/PB复合纳米纤维。TEM图表明在PANI纳米纤维表面均匀地生长，直径在20 nm左右的PB纳米粒子。此外，随着铁盐溶液加入量增加，纤维表面生长的PB粒子数也相应增多。X射线衍射谱图表明生成的PB纳米粒子为面心立方晶型。

(2)催化实验结果表明,PANI/PB 复合纳米纤维具有类过氧化物酶催化氧化 TMB 的作用,并且 PB 纳米粒子含量越高,其催化性质越优异。与过氧化物酶类似,这种催化性质也受溶液 pH 影响,测试结果表明催化实验的缓冲溶液最佳 pH 值为 4.0。利用这一性质,PANI/PB 复合纳米纤维可用于 H_2O_2 的比色检测。紫外-可见光谱测试表明,该纳米纤维对浓度低至 1.0 μmol · L^{-1} 的 H_2O_2 即可产生明显的信号响应,并且随着 H_2O_2 浓度增加,响应信号也相应增强。实验结果表明,PANI/PB 复合纳米纤维作为类过氧化物酶在检测低浓度 H_2O_2 方面表现优异,具有较宽的线性范围(1.0~16.0 μmol · L^{-1}, R^2 = 0.998)和极低的检测限(0.2 μmol · L^{-1},基于信噪比为 3 的标准)。

第6章　氧化石墨/聚苯胺/普鲁士蓝复合纳米片的制备及电催化性质研究

作为一类新型的碳材料,石墨烯和 GO 具有独特的二维片状结构、大的比表面积和优异的机械性能,备受科研工作者的关注。其中,GO 作为单层的石墨氧化物具有卓越的物理化学性质。其二维片层结构的表面和边缘富含各类含氧基团,如环氧基、羟基、羧基和羰基等。这些含氧基团对 GO 的电子、机械和电化学性能都有深远的影响。一方面,存在含氧基团会引入结构缺陷,导致 GO 电导率下降,从而限制其在电活性材料和器件方面的直接应用。另一方面,这些基团也为 GO 在其他领域的应用提供了可能性。首先,强极性的含氧基团赋予 GO 优异的亲水性,使其在许多溶剂(尤其是水)中具有良好的分散性,进而提升了其可加工性。其次,在化学领域,这些基团可以作为 GO 进行化学修饰或功能化的理想反应位点,使得 GO 成为制备复合材料的优选基体材料。

目前,已有大量关于 GO 基复合材料在电化学领域应用的相关报道。值得注意的是,许多研究团队正聚焦于 GO 与电活性聚合物(如 PANI、PPy 等)复合材料的开发。研究结果表明,这种复合材料作为传感器时,通常表现出比单独使用 GO 或聚合物传感器更高的灵敏度、稳定性和选择性。若导电聚合物能均匀地覆盖在 GO 纳米片表面,那么得到的复合材料既能保留 GO 的大比表面积,又能获得较 GO 更优的导电性,使其成为纳米粒子载体在电极修饰材料领域的理想选择。一方面,大比表面积材料能承载更多纳米粒子,提供更多的催化反应位点;另一方面,导电聚合物的高导电性还有利于电子从电极表面到纳米粒子间的传输和收集。

第 5 章提到 PB 纳米粒子具有很好的催化性质,并成功利用 PANI 作为还原剂制备出了粒径较小的 PB 纳米粒子。基于此,本章通过化学氧化聚合法制备氧化石墨/聚苯胺(GO/PANI)复合纳米片,并以此复合纳米片为还原剂及载体,进一步制备氧化石墨/聚苯胺/普鲁士蓝(GO/PANI/PB)三元纳米复合物,同时将其应用于 H_2O_2 的电化学检测。我们期望通过这种结构设计,制备出具有较高电催化活性的新型电极修饰材料。

6.1 实验部分

6.1.1 实验试剂

本章所列试剂除苯胺单体外，均可直接使用，不用进一步提纯。实验室用水为自制蒸馏水。

6.1.1.1 苯胺单体

本章所用苯胺单体在使用前经锌粉还原并进行减压蒸馏以提纯。

6.1.1.2 过硫酸铵

本章所用 APS(≥98.0%)为分析纯试剂。

6.1.1.3 浓硫酸

本章所用浓硫酸(95.0%~98.0%)为分析纯试剂。

6.1.1.4 浓盐酸

本章所用浓盐酸(36.0%~38.0%)为分析纯试剂。

6.1.1.5 浓磷酸

本章所用浓磷酸(≥85%)为分析纯试剂。

6.1.1.6 石墨粉

本章所用石墨粉(≥98.85%)为化学纯试剂，颗粒度不高于 30 $\mu mol \cdot L^{-1}$。

6.1.1.7 硝酸钠

本章所用硝酸钠(≥99.0%)为分析纯试剂。

6.1.1.8 高锰酸钾

本章所用高锰酸钾(≥99.5%)为分析纯试剂。

6.1.1.9 过氧化氢

本章所用 H_2O_2(≥30.0%)为分析纯试剂。

6.1.1.10 氯化钾

本章所用氯化钾(≥99.5%)为分析纯试剂。

6.1.1.11 铁氰化钾

本章所用 $K_3[Fe(CN)_6]$(≥99.5%)为分析纯试剂。

6.1.1.12 六水合三氯化铁

本章所用 $FeCl_3 \cdot 6H_2O$(≥99.7%)为分析纯试剂。

6.1.1.13 无水乙醇

本章所用无水乙醇为分析纯试剂,其纯度不低于99.7%。

6.1.2 材料制备

6.1.2.1 氧化石墨的制备

我们采用改进的 Hummers 和 Offeman's 方法制备 GO,具体过程如下。

首先,称取 2 g 石墨粉和 2 g 硝酸钠,将它们共同加入到一个 1 000 mL 的三颈瓶中。随后,向该瓶中加入 92 mL 浓硫酸,并在冰水浴条件下充分搅拌一段时间。之后,缓慢加入 12 g 高锰酸钾粉末(确保体系温度不超过 40 ℃),随后在水浴中保持温度为 35 ℃继续搅拌 1 h。

其次,向上述溶液中缓慢加入 160 mL 蒸馏水,随后升温至 90 ℃并继续搅拌 30 min。接着,再加入 400 mL 水,并将三颈瓶移出水浴。此时,一次性快速加入 16 mL 的 H_2O_2(30%)水溶液,并持续搅拌一段时间。

最后,待反应完全结束,将混合溶液静置,使产物自然沉降。倒掉上清液,对剩余的固体产物进行离心分离,并反复用水洗涤,直至上清液呈中性。随后,将得到的黏稠状固体转移至表面皿中,置于真空干燥箱中,于 50 ℃条件下干燥两天,即可得到 GO。

6.1.2.2 氧化石墨/聚苯胺复合纳米片的制备

将 50 mg GO 超声分散在 40 mL 浓度为 1 mol · L^{-1}的盐酸溶液中,随后加入 175 mg(相当于 1.88 mmol)的苯胺单体并继续超声处理 30 min。随后,将溶液置于冰水浴中搅拌 30 min,以确保溶液充分冷却。同时,称量 107 mg(相当于 0.47 mmol)的 APS 溶于 10 mL 浓度为 1 mol · L^{-1}的盐酸溶液中,并冷却至 0 ℃。然后,将两种溶液快速混合,并在冰水浴中继续搅拌反应 10 h。反应结束后,将产物进行抽滤,并依次用水和乙醇淋洗数次。最后,在 30 ℃下真空干燥过夜,即可得到 GO/PANI 复合纳米片。该反应体系中,GO 与苯胺单体质量比为 1 : 3.5,苯胺单体与 APS 的物质的量比为 4 : 1。

6.1.2.3 氧化石墨/聚苯胺/普鲁士蓝复合纳米片的制备

将得到的 20 mg GO/PANI 复合纳米片超声分散到 20 mL 水中,并用浓盐酸调节 pH 值为 2。同时,称取 0.040 g $FeCl_3 \cdot 6H_2O$、0.050 g $K_3[Fe(CN)_6]$和 0.223 g 氯化钾,加入到 30 mL 水中,并同样调节 pH 值为 2。然后,将两种溶液快速混合,并继续在室温下搅拌反应 2 h。反应结束后,将得到的产物进行抽滤,并依次用水和乙醇淋洗数次,最后在 30 ℃下真空干燥,即可得到 GO/PANI/PB 复合纳米片。

6.1.2.4 电极的修饰

将 GO/PANI/PB 复合纳米片制成 2 mg · mL^{-1} 的乙醇分散液,并进行超声处理使其分散均匀。修饰之前,将玻碳电极用 Al_2O_3 抛光粉(粒径分别为 0.05 μm、0.30 μm、1.00 μm)抛光。然后,将 10 μL GO/PANI/PB 复合纳米片分散液滴到电极表面,自然干燥后进行电化学测试。对于 H_2O_2 的电化学催化研究,采用三电极体系。其中,铂丝电极为对电极,饱和甘汞电极(SCE)为参比电极,玻碳修饰电极(直径为 3.0 mm)为工作电极。电解液为 0.1 mol · L^{-1} H_3PO_4+1 mol · L^{-1} 氯化钾的混合溶液。所用的 H_2O_2 溶液由 30% H_2O_2 配制而成,并且是即用即配。

6.1.3 实验仪器

(1)超声波清洗器(功率 50 W);
(2)高速冷冻离心机;
(3)真空干燥箱;
(4)循环水式多用真空泵;
(5)透射电子显微镜(TEM,加速电压为 100 kV);
(6)X 射线衍射仪(XRD,Cu Kα 的波长为 1.541 8 Å);
(7)傅里叶变换红外光谱仪(FTIR);
(8)紫外-可见吸收光谱仪(UV-vis);
(9)电化学工作站。

6.2 结果与讨论

6.2.1 氧化石墨/聚苯胺/普鲁士蓝复合纳米片的形貌表征及形成机理

以 GO 为原料制备 GO/PANI/PB 复合纳米片的过程可分为两步:首先,利用原位氧化聚合法制备 GO/PANI 复合纳米片;然后,以该复合纳米片为还原剂及模板,与铁盐溶液反应,在 GO/PANI 片状结构表面生长 PB 纳米粒子。具体反应机理如下所述。

由于 GO 表面含有羧基等含氧基团,可在水中电离因而带有大量的负电荷。

当在酸性条件下加入苯胺单体后,苯胺质子化形成带正电荷的苯胺盐酸盐,在静电力的作用下吸附在 GO 表面。当加入氧化剂后,苯胺就原位聚合在 GO 片层结构上,生成的 PANI 与 GO 之间因氢键或 π-π 相互作用紧密地结合在一起,从而形成了 GO/PANI 复合纳米片。由于 PANI 具有氧化还原性,将 GO/PANI 复合纳米片与含 Fe^{3+}和$[Fe(CN)_6]^{3-}$的溶液混合后,Fe^{3+}与片层结构表面的 PANI 反应得到电子还原为 Fe^{2+},而生成的 Fe^{2+}会与$[Fe(CN)_6]^{3-}$结合,在 PANI 表面原位生成 PB 纳米粒子。由于 Fe^{2+}是逐渐生成的,PB 的生成速率较低,因而生成的 PB 粒径较小。

图 6-1 为不同样品在不同放大倍数下的 TEM 图。由图 6-1(a)与图 6-1(b)可知,单纯 GO 表面光滑,仅有少量褶皱。当生长 PANI 之后,如图 6-1(c)与图 6-1(d)所示,片状结构表面变得粗糙,有大量小突起形成,但是并没有发现单独存在的 PANI 结构,因此可以说明我们合成了结构均匀的 GO/PANI 复合纳米片。图 6-1(e)与图 6-1(f)为 GO/PANI/PB 复合纳米片的 TEM 图。从图中可以看出,产物仍保持着很好的片状结构,并且 PB 纳米粒子均匀地分布在片状结构表面。由放大的 TEM 图可知,PB 纳米粒子粒径较小,在 20~30 nm 之间。

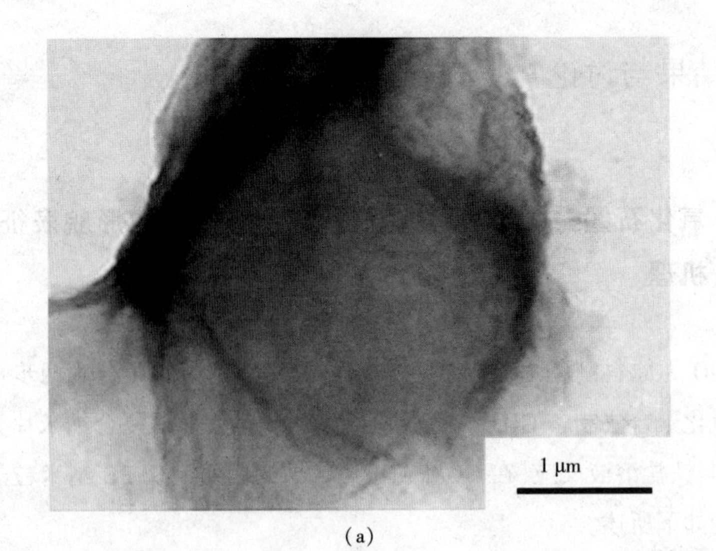

(a)

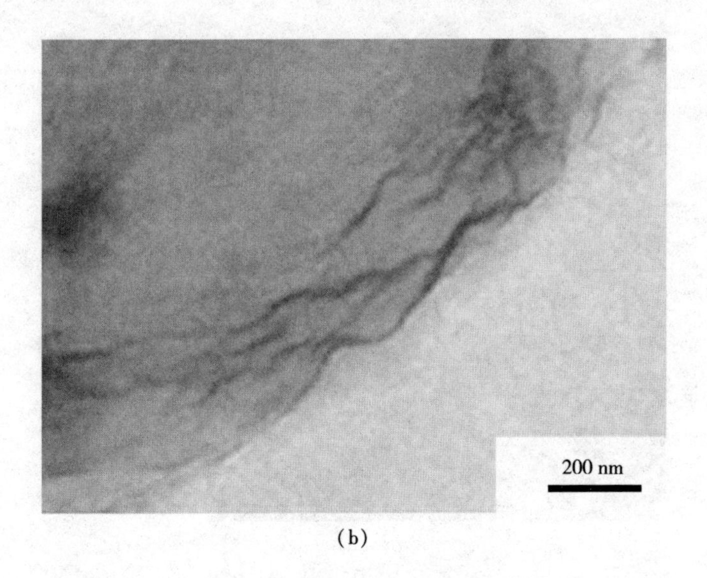

(b)

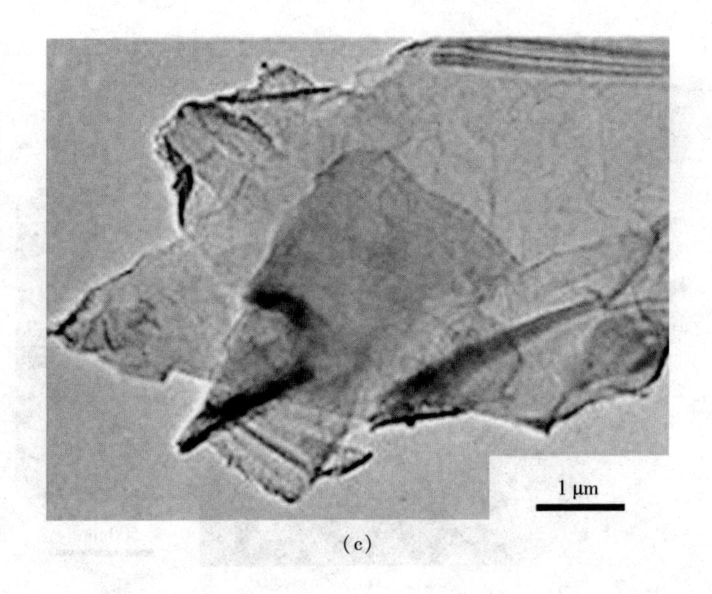

(c)

(d)

(e)

(f)

图 6-1　不同样品在不同放大倍数下的 TEM 图

(a)与(b)GO;(c)与(d)GO/PANI 复合纳米片;(e)与(f)GO/PANI/PB 复合纳米片

6.2.2　氧化石墨/聚苯胺/普鲁士蓝复合纳米片的化学组成及结构表征

首先,我们利用傅里叶变换红外光谱对产物的化学组成进行细致研究。图 6-2 为不同样品的傅里叶变换红外光谱图。其中,图 6-2 曲线 a 为单纯 GO 的傅里叶变换红外光谱,谱中所有吸收峰都与 GO 的特征峰一一对应。具体而言,3 420 cm^{-1} 处的宽峰对应于耦合的 O—H 基团的伸缩振动;1 733 cm^{-1} 处的较强吸收峰归属于羧基中的 C═O 伸缩振动;位于 1 626 cm^{-1} 处的峰则是由未被氧化的石墨骨架振动(即芳香的 C ═C 的振动)引起的;而 1 057 cm^{-1} 和 1 397 cm^{-1} 处的两个较宽吸收峰则分别对应于 C—O 伸缩振动和羧基中的 O—H 振动。图 6-2 曲线 b 为 GO/PANI 复合纳米片的傅里叶变换红外光谱。从中可观察到 PANI 的几个特征吸收峰:1 574 cm^{-1} 处的醌环 C═C 伸缩振动峰;1 494 cm^{-1} 处的苯环 C═C 伸缩振动峰;1 299 cm^{-1} 处的二级芳香胺 C—N 伸缩振动峰;1 152 cm^{-1} 处的 C═N 伸缩振动峰以及 1 133 cm^{-1} 和 829 cm^{-1} 的

1,4-取代苯环的C—H键的平面内和平面外弯曲振动峰。同时,GO的一些特征峰,如1 733 cm^{-1}(C═O)、1 373 cm^{-1}(C—OH)和1 241 cm^{-1}(C—O—C)也得以保留。由此可以说明,我们成功地制备了GO/PANI复合纳米片。图6-2曲线c则展示了GO/PANI/PB纳米复合纳米片的傅里叶变换红外光谱。从中可发现,曾在单纯GO与GO/PANI复合纳米片的傅里叶变换红外光谱中出现的部分吸收峰的峰强均有减小,有的甚至消失了,但在2 081cm^{-1}处出现了一个强烈的吸收峰,它对应于PB中Fe^{2+}-CN-Fe^{3+}的C—N伸缩振动。同时,504 cm^{-1}处峰的相对强度明显增加,这主要是因为产物中形成了M-CN-M′结构。这两个特征峰的出现证明PB已成功生长在GO/PANI复合纳米片的片状结构表面。

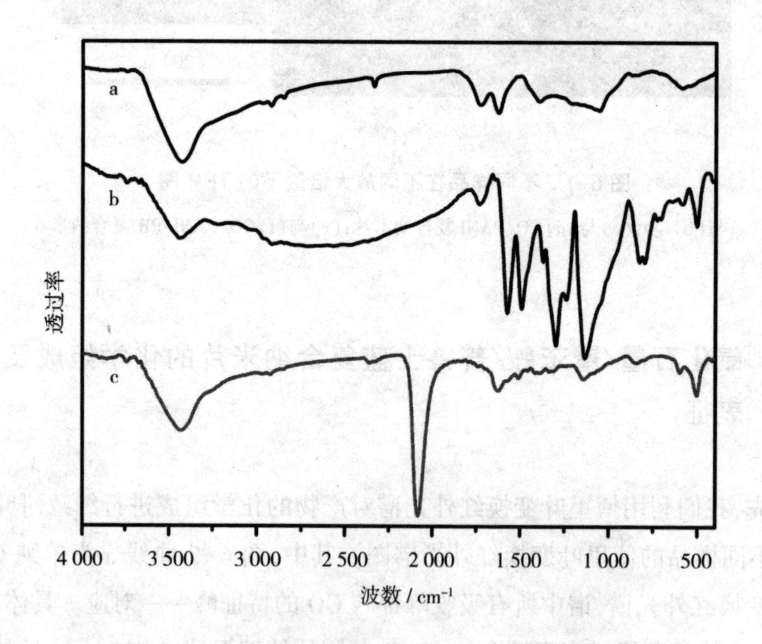

图6-2　不同样品的傅里叶变换红外光谱图

(a)单纯GO;(b)GO/PANI复合纳米片;(c)GO/PANI/PB复合纳米片

同时,我们对产物的紫外-可见光谱进行了分析。图6-3为不同样品的紫外-可见光谱图。由图6-3(a)可知,单纯GO在230 nm处出现了一个很强的吸收峰,但在图6-3(b)中,该吸收峰消失了。不过,图6-3(b)中,在206 nm和250 nm处出现了两个尖锐的吸收峰,它们均与分子的共轭结构有关,这说明GO与PANI分子之间存在着π-π相互作用。此外,在360 nm和

458 nm 处出现的两个较弱的宽吸收带分别对应于 PANI 中苯环的 $\pi-\pi^*$ 电子跃迁、链间或链内电荷传递所引起的苯式激发态跃迁吸收峰，这进一步说明 GO/PANI 复合纳米片中的 PANI 处于掺杂态。对于 GO/PANI/PB 复合纳米片，如图 6-3(c)所示，在 258 nm、286 nm 及 730 nm 处分别出现了三个新的吸收峰。前两个峰分别对应于金属(Fe)与 C—N 基团之间的电荷转移，而第三个峰则对应于 PB 分子中 Fe^{2+} 到 Fe^{3+} 的电子转移，由此可以证明我们成功地制备了含有 PB 的复合纳米材料。

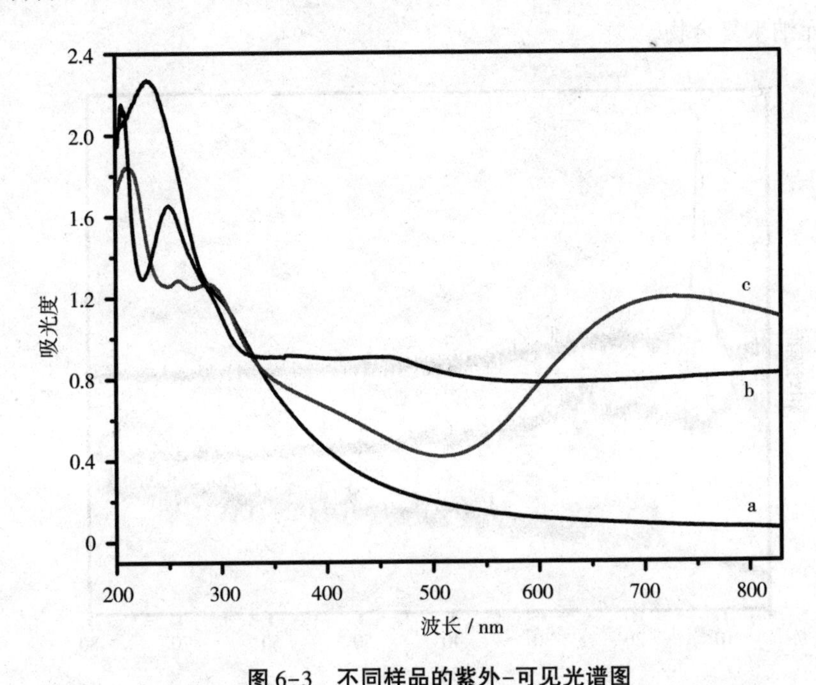

图 6-3　不同样品的紫外-可见光谱图

(a)单纯 GO；(b)GO/PANI 复合纳米片；(c)GO/PANI/PB 复合纳米片

接下来，我们利用 X 射线衍射光谱对这三种物质的结晶形态进行表征。表征结果如图 6-4 所示。具体而言，图 6-4(a)为单纯 GO 的 X 射线衍射光谱图。由其可知，单纯 GO 在 $2\theta=11.6°$ 处出现了一个强度显著的特征衍射峰。当在 GO 表面生长 PANI 之后，如图 6-4(b)所示，这个衍射峰移到了 $2\theta=8.1°$ 处，这说明苯胺插层聚合在 GO 片层之间，使得 GO 片层结构的层间距增大。这与文献报道相一致。在图 6-4(b)中，GO/PANI 复合纳米片的 X 射线衍射光谱图显示了另外三个特征衍射峰，分别位于 $2\theta=15.3°$、$20.7°$ 和 $25.2°$ 处，它们分别对应于掺杂态 PANI 的(020)(200)和(011)晶面。其中,(020)晶面与聚合物主链平行,而(011)晶面则与聚合物主链垂直。这些数据表明我们成功地在 GO 上制备了具有一定的结晶性的 PANI。进一步观察图 6-4(c)所示的 GO/PANI/PB 复合纳米片的 X 射线衍射光谱图可以发现,在 $2\theta=17.6°$、$24.9°$、$35.6°$、$40.0°$、$43.8°$、$51.2°$、$54.3°$和 $57.8°$处均出现了新的衍射峰。它们分别对应于面心立方结构 PB 的(200)(220)(400)(420)(422)(440)(600)和(620)晶面(JCPDS card No. 73-0687)。这些结果明确表明我们成功地制备了 GO/PANI/PB 三元纳米复合物。

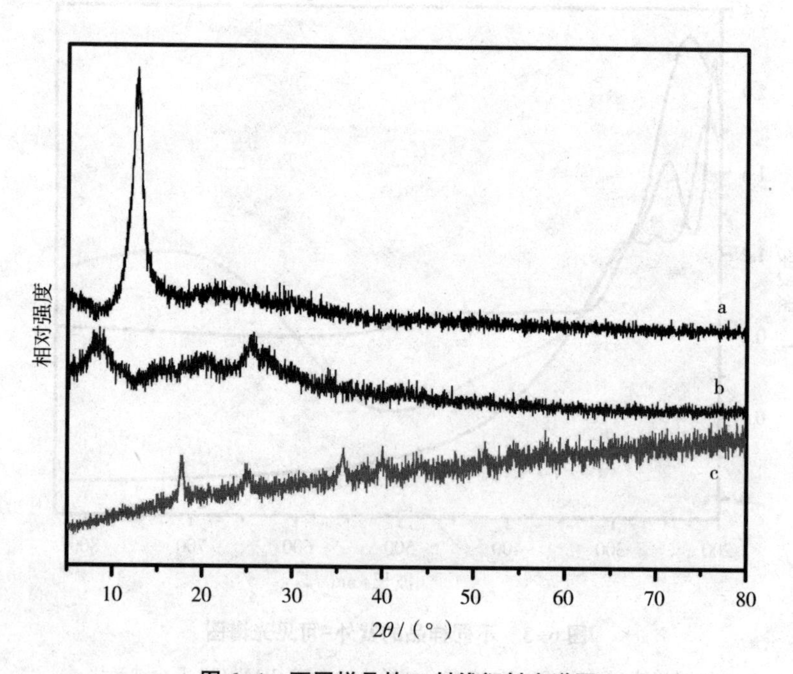

图 6-4　不同样品的 X 射线衍射光谱图

(a)单纯 GO;(b)GO/PANI 复合纳米片;(c)GO/PANI/PB 复合纳米片

6.2.3 氧化石墨/聚苯胺/普鲁士蓝复合纳米片的电化学催化性质研究

我们将合成的 GO/PANI/PB 复合纳米片修饰到玻碳电极表面,并研究了该修饰电极对 H_2O_2 电化学还原的催化活性。图 6-5 为裸玻碳电极(a)和

GO/PANI/PB 复合纳米片修饰玻碳电极(c) 在 0.1 mol · L^{-1} H_3PO_4+ 1 mol · L^{-1} 氯化钾电解液中的循环伏安曲线以及裸玻碳电极(b)和 GO/PANI/PB 复合纳米片修饰玻碳电极(d) 在含有 1.0 mmol · L^{-1} H_2O_2 的相同电解液中的循环伏安曲线。扫描速度为 100 mV · s^{-1},参比电极为饱和甘汞电极。

从图 6-5 的 a、b 两条循环伏安曲线可以看出,裸玻碳电极对 1.0 mmol · L^{-1} 的 H_2O_2 基本没有响应,这表明在-0.4~0.6 V 的电位范围内,H_2O_2 在玻碳裸电极表面的电化学还原基本上是无法实现的。曲线 c 则表明修饰电极在 0.1 mol · L^{-1} H_3PO_4+ 1 mol · L^{-1} 氯化钾电解液中出现了一对氧化还原峰(约 0.2 V 处),这对应于 PB 到普鲁士白(PW)的转变过程。当电解液中加入浓度为 1.0 mmol · L^{-1} 的 H_2O_2 后,曲线 d 在-0.2 V 处的还原电流明显增强,这表明 GO/PANI/PB 复合纳米片对 H_2O_2 具有很强的电化学催化活性。此外,我们还研究了 H_2O_2 浓度对修饰电极峰电流的影响。

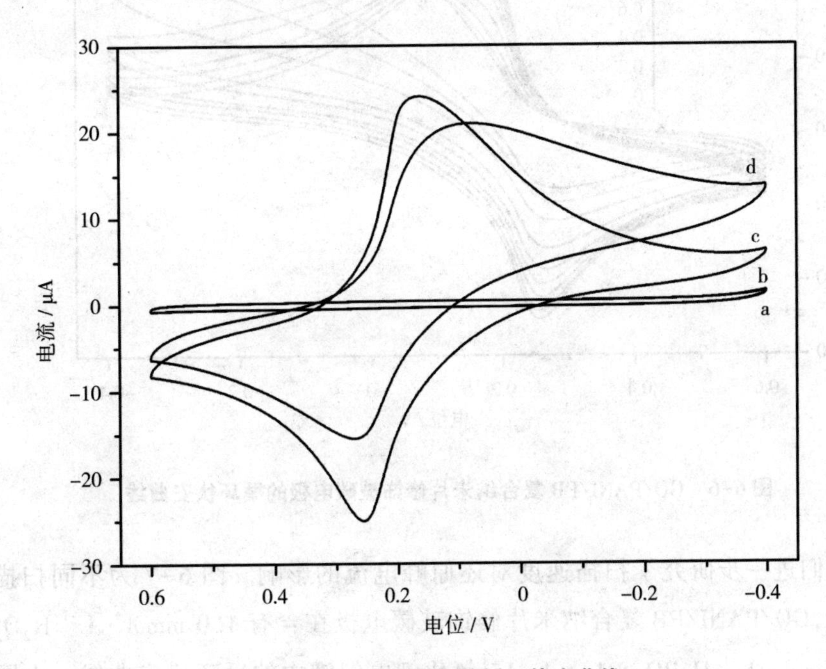

图 6-5　不同电极的循环伏安曲线

(a)裸玻碳电极(不含 H_2O_2);(b)裸玻碳电极(含 H_2O_2);

(c)GO/PANI/PB 复合纳米片修饰玻碳电极(不含 H_2O_2);

(d)GO/PANI/PB 复合纳米片修饰玻碳电极(含 H_2O_2)

图 6-6 为 GO/PANI/PB 复合纳米片修饰玻碳电极在含有不同浓度 H_2O_2 的 0.1 mol · L^{-1} H_3PO_4+ 1 mol · L^{-1} 氯化钾电解液中的循环伏安曲线，扫描速度为 100 mV · s^{-1}，参比电极为饱和甘汞电极。从该图中可以明显看出，随着 H_2O_2 浓度增加（由 0 mmol · L^{-1} 增加到 4.0 mmol · L^{-1}），修饰电极在-0.2 V 处的还原电流强度也逐渐增强（由 7.02 μA 增加至 38.73 μA）。电极反应过程可简述为：修饰电极中的 PB 纳米粒子中的 Fe^{2+} 在 H_2O_2 存在的情况下可被迅速氧化成 Fe^{3+}，随后通过电化学还原过程重新转化为 Fe^{2+}。

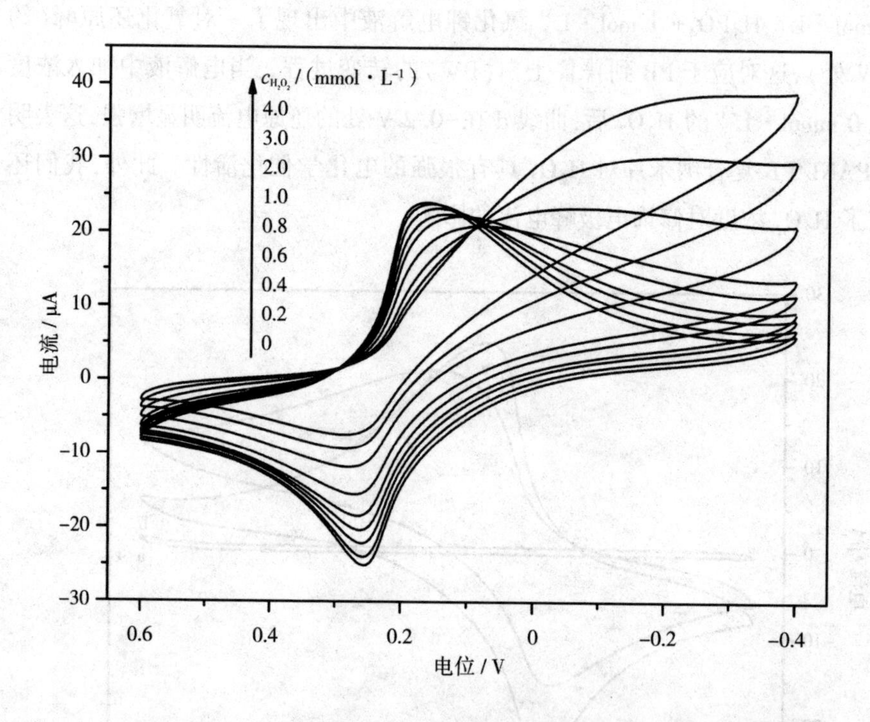

图 6-6　GO/PANI/PB 复合纳米片修饰玻碳电极的循环伏安曲线

我们进一步研究了扫描速度对还原峰电流的影响。图 6-7 为不同扫描速度下，GO/PANI/PB 复合纳米片修饰玻碳电极在含有 1.0 mmol · L^{-1} H_2O_2 的 0.1 mol · L^{-1} H_3PO_4+ 1 mol · L^{-1}氯化钾电解液中的循环伏安曲线。由图可知，在 1.0 mmol · L^{-1} H_2O_2 存在的条件下，随着扫描速度增加，阴极峰电流强度也逐渐增加。

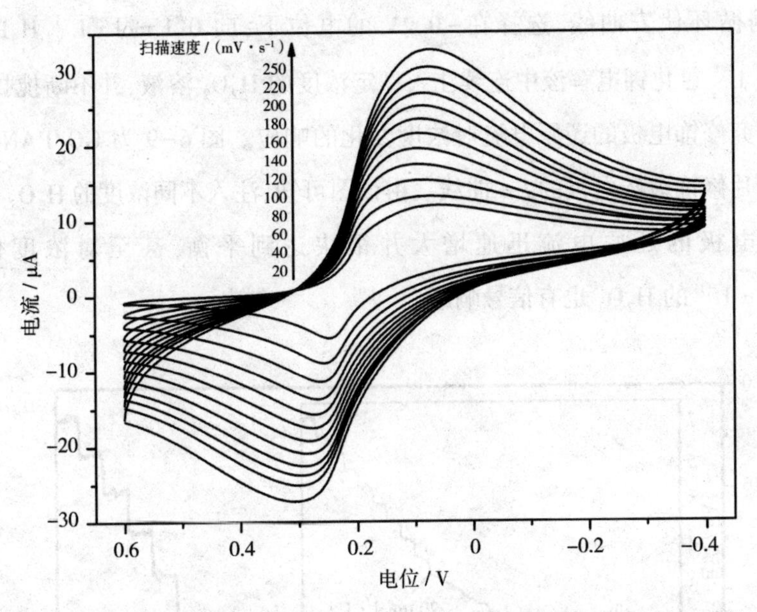

图 6-7　不同扫描速度下,GO/PANI/PB 复合纳米片修饰玻碳电极的循环伏安曲线

图 6-8 为 H_2O_2 的还原峰电流与扫描速度的线性拟合曲线。由该曲线可知,在 20~250 mV · s^{-1} 的扫描速度范围内,峰电流与扫描速度成正比关系,这表明修饰电极催化 H_2O_2 的还原是一个表面控制过程。

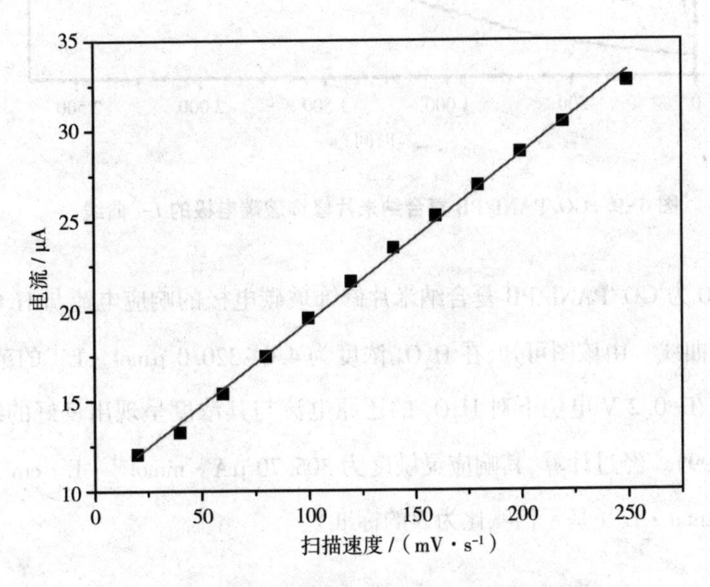

图 6-8　H_2O_2 的还原峰电流与扫描速度的线性拟合曲线

根据循环伏安曲线，选择在-0.2V的电位下，向0.1 mol·L^{-1} H_3PO_4+1.0 mol·L^{-1}氯化钾电解液中连续注入一定浓度的H_2O_2溶液，并不断搅拌，以进一步研究修饰电极的还原电流对浓度变化的响应。图6-9为GO/PANI/PB复合纳米片修饰玻碳电极的*I*-*t*曲线。由该图可知，注入不同浓度的H_2O_2溶液后，修饰电极的还原电流迅速增大并很快达到平衡，甚至对浓度仅为4.0 μmol·L^{-1}的H_2O_2也有信号响应。

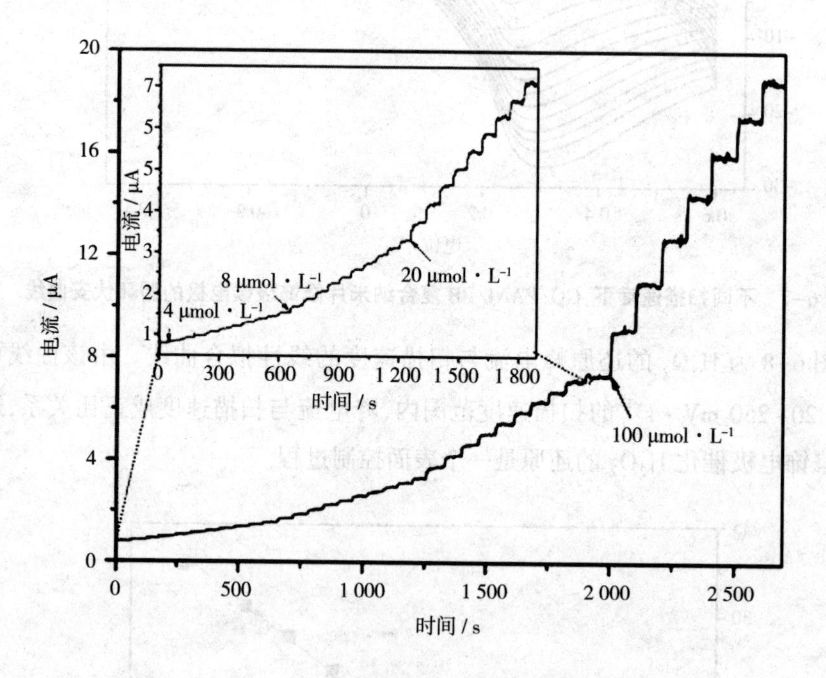

图6-9　GO/PANI/PB复合纳米片修饰玻碳电极的*I*-*t*曲线

图6-10为GO/PANI/PB复合纳米片修饰玻碳电极的响应电流与H_2O_2浓度的线性拟合曲线。由该图可知，在H_2O_2浓度为4.0~320.0 μmol·L^{-1}的范围内，该修饰电极在-0.2 V电位下对H_2O_2的还原电流与其浓度呈现出良好的线性关系(R^2=0.999)。经过计算，其响应灵敏度为305.70 μA·mmol^{-1}·L·cm^{-2}，检测限为0.11 μmol·L^{-1}(基于信噪比为3的标准)。

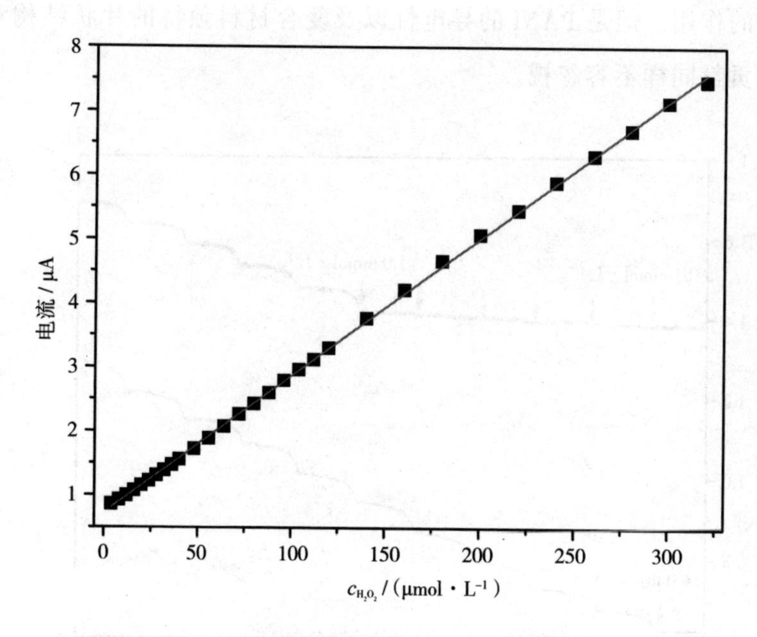

图 6-10　GO/PANI/PB 复合纳米片修饰玻碳电极的响应电流与 H_2O_2 浓度的线性拟合曲线

为了研究 GO/PANI/PB 修饰电极中,作为 PB 纳米粒子载体的 GO/PANI 复合纳米片对电化学响应的贡献,采用同样的方法制备 GO/PANI 修饰电极,并对两种修饰电极的 I-t 曲线进行比较。图 6-11 为向 0.1 mol · L^{-1} H_3PO_4+1.0 mol · L^{-1} 氯化钾电解液中,通过间隔一定时间注入一定量的 H_2O_2 后,不同玻碳修饰电极——GO/PANI(a)和 GO/PANI/PB(b)——的电流变化曲线(固定电位为-0.2 V)。由该图可知,对于 GO/PANI 修饰电极(曲线 a),当加入 0.1 mmol · L^{-1} H_2O_2 后,其还原电流并没有显著增加;而当 H_2O_2 浓度增加到 1.0 mmol · L^{-1} 后,电流才有很小的变化,其响应灵敏度还不到 0.1 μA · mmol^{-1} · L。相比之下,GO/PANI/PB 修饰电极(曲线 b)对于 4.0 μmol · L^{-1} H_2O_2 的电流响应即可达到 GO/PANI 修饰电极对于 1.0 mmol · L^{-1} H_2O_2 的响应水平。这表明 GO/PANI/PB 修饰电极对 H_2O_2 的还原具有显著的催化活性,这主要归因于复合材料中 PB

纳米粒子的作用。但是 PANI 的导电性以及复合材料独特的片状结构对催化性质的贡献同样不容忽视。

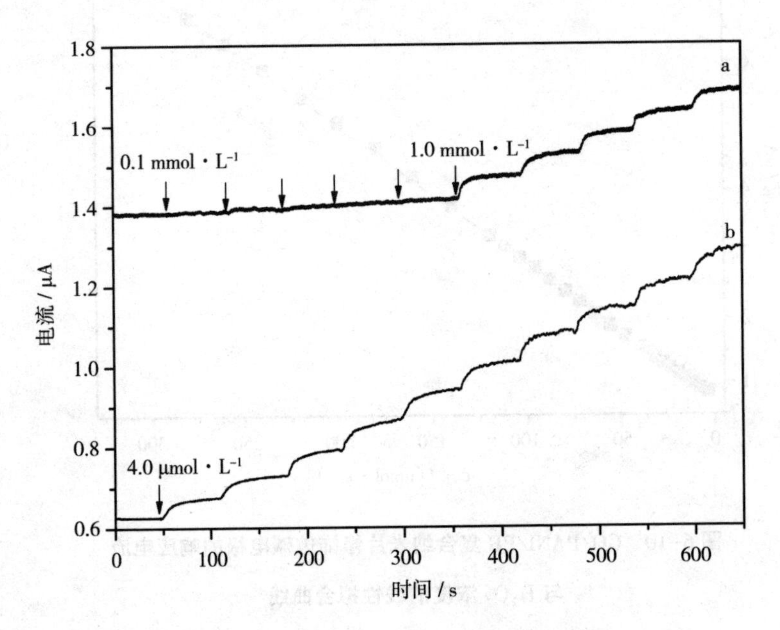

图 6-11　不同玻碳修饰电极的电流变化曲线

GO/PANI(a);GO/PANI/PB(b)

具体而言,作为基底的 GO 赋予 GO/PANI 复合材料独特的二维片状结构,其大比表面积可以有效负载大量 PB 纳米粒子,从而提供更多催化反应位点。同时,作为夹层的导电 PANI 具有优异的导电性,有利于电子从电极表面向 PB 纳米粒子的传输和收集。因而,相较于其他基于 PB 的修饰电极,GO/PANI/PB 修饰电极表现出更高的灵敏度和更小的检测限,如表 6-1 所示。

表 6-1　不同修饰电极的性能比较

电极	线性范围/($mmol \cdot L^{-1}$)	灵敏度/($\mu A \cdot mmol^{-1} \cdot L \cdot cm^{-2}$)	检测限/($\mu mol \cdot L^{-1}$)	电位/V
GE/PBNP/Nafion	$2.1\times10^{-3}\sim1.4\times10^{-1}$	138.600	1.000	-0.05

续表

电极	线性范围/（$mmol \cdot L^{-1}$）	灵敏度/（$\mu A \cdot mmol^{-1} \cdot L \cdot cm^{-2}$）	检测限/（$\mu mol \cdot L^{-1}$）	电位/V
Au/PB/MCNT	$1.0\times10^{-2} \sim 4.0\times10^{-1}$	153.700	0.567	0
GCE/graphene/PB	$2.0\times10^{-2} \sim 2.0\times10^{-1}$	196.600	1.900	−0.05
GCE/PB-SWNT	$5.0\times10^{-1} \sim 2.75\times10^{1}$	0.643[a]	0.010	−0.10
GCE/GO-PB-chit	$1.0\times10^{-3} \sim 1.0\times10^{0}$	64.650[b]	0.100	0.10
GCE/GO/PANI/PB	$4.0\times10^{-3} \sim 3.2\times10^{-1}$	305.700	0.110	−0.20

注：①检测限——基于信噪比为 3 的标准计算得到的检测限。

②GE——石墨电极。

③NP——纳米粒子。

④MCNT——多壁碳纳米管。

⑤GCE——玻碳电极。

⑥SWNT——单壁碳纳米管。

⑦chit——壳聚糖。

[a]——$\mu A \cdot mmol^{-1} \cdot L$。

[b]——$nA \cdot mmol^{-1} \cdot L$。

6.3　本章小结

本章采用原位氧化聚合的方法成功制备了 GO/PANI 复合纳米片。随后，以该复合纳米片为还原剂及载体，通过与铁盐溶液反应，在 GO/PANI 片状结构表面生长了 PB 纳米粒子。我们利用透射电子显微镜对产物的形貌进行了表征，并借助傅里叶变换红外光谱、紫外-可见光谱和 X 射线衍射等测试手段，对产物的化学组成和结晶形态等进行了研究。此外，我们还研究了 GO/PANI/PB 复合纳米片作为电极修饰材料对 H_2O_2 的电化学催化活性。具体结论如下。

(1)通过原位氧化聚合的方法成功地制备了 GO/PANI 复合纳米片，并以此为还原剂及模板，进一步合成了 GO/PANI/PB 复合纳米片。测试结果表明，PB

纳米粒子均匀地分布在 GO/PANI 复合纳米片上，其粒径较小，在 20～30 nm 之间。

(2)催化实验结果表明，制备的 GO/PANI/PB 复合纳米片对 H_2O_2 的还原具有良好的电催化活性，可用于 H_2O_2 的电化学检测。该复合纳米片对 H_2O_2 的检测展现出高响应灵敏度（305.7 μA · mmol^{-1} · L · cm^{-2}），宽线性范围（4.0～320.0 μmol · L^{-1}，R^2=0.999）和低检测限（0.11 μmol · L^{-1}，基于信噪比为 3 的标准）。与其他基于 PB 的修饰电极相比，GO/PANI/PB 修饰电极在灵敏度和检测限方面均表现出更优秀的性能。

附　录

盐酸掺杂 PANI 纳米纤维、去掺杂 PANI 纳米纤维、巯基乙酸掺杂聚苯胺和聚苯胺/硫化铜复合纳米纤维水分散液的光学图见附图 1。TMB 溶液、TMB+H_2O_2 混合溶液、PANI/Cu_9S_5 水分散液、PANI/Cu_9S_5+TMB 混合溶液以及 PANI/Cu_9S_5+TMB+H_2O_2 混合溶液的光学图见附图 2。单纯 PANI 纳米纤维和 PANI/PB 复合纳米纤维的水分散液的光学图见附图 3。将一定量的 PANI/PB 复合纳米纤维加入到含有不同浓度 H_2O_2 的缓冲溶液(pH=4)后，得到的混合溶液的光学图见附图 4。

(a)　(b)　(c)　(d)

附图 1　不同样品的光学图

(a)盐酸掺杂 PANI 纳米纤维水分散液；(b)去掺杂 PANI 纳米纤维水分散液；

(c)巯基乙酸掺杂 PANI 纳米纤维水分散液；(d)聚苯胺/硫化铜复合纳米纤维水分散液

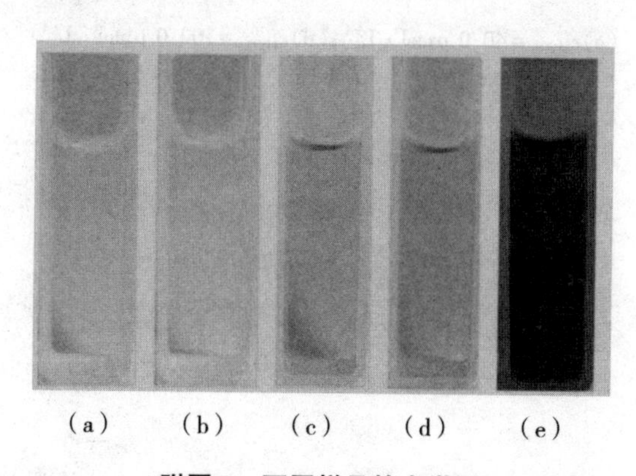

(a)　(b)　(c)　(d)　(e)

附图 2　不同样品的光学图

(a)TMB 溶液；(b)TMB+H_2O_2 混合溶液；(c)PANI/Cu_9S_5 水分散液；

(d)PANI/Cu_9S_5+TMB 混合溶液；(e)PANI/Cu_9S_5+TMB+H_2O_2 混合溶液

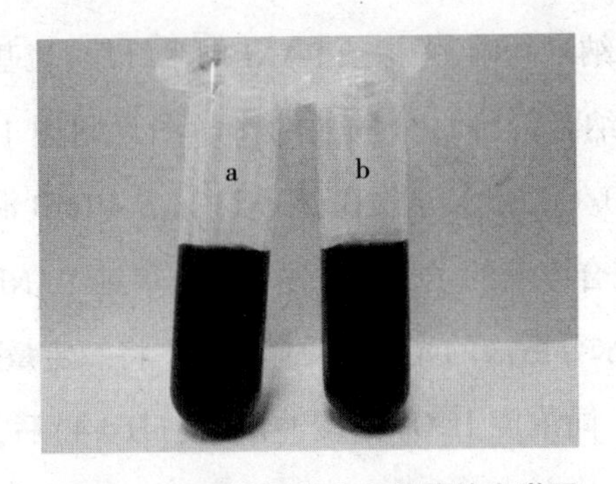

附图 3　不同样品的水分散液的光学图

(a)单纯 PANI 纳米纤维;(b)PANI/PB 复合纳米纤维

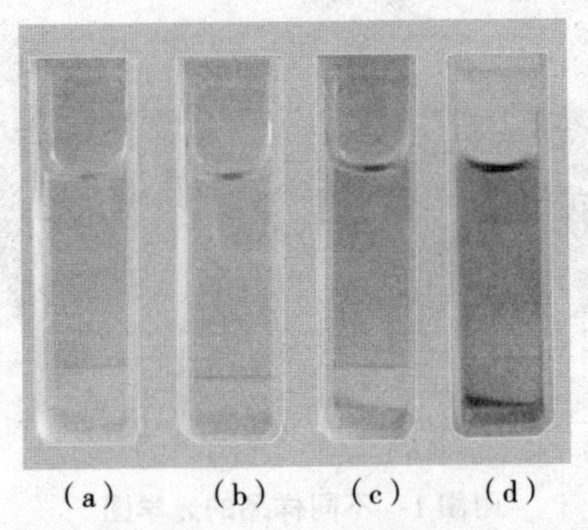

(a)　(b)　(c)　(d)

附图 4　含有不同浓度 H_2O_2 的缓冲液的混合溶液的光学图

(a)$c_{H_2O_2}=2.0\ \mu mol\cdot L^{-1}$;(b)$c_{H_2O_2}=10.0\ \mu mol\cdot L^{-1}$;

(c)$c_{H_2O_2}=40.0\ \mu mol\cdot L^{-1}$;(d)$c_{H_2O_2}=100.0\ \mu mol\cdot L^{-1}$

参考文献

[1] SHIRAKAWA H, LOUIS E J, MACDIARMID A G, et al. Synthesis of electrically conducting organic polymers: Halogen derivatives of polyacetylene, $(CH)_x$ [J]. Journal of the Chemical Society, Chemical Communications, 1977(16): 578-580.

[2] HEEGER A J. Semiconducting and metallic polymers: The fourth generation of polymeric materials [J]. The Journal of Physical Chemistry B, 2001, 105(36): 8475-8491.

[3] MACDIARMID A G. Synthetic metals: A novel role for organic polymers [J]. Synthetic Metals, 2001, 125(1): 11-22.

[4] SHIRAKAWA H. The discovery of polyacetylene film - the dawning of an era of conducting polymers [J]. Current Applied Physics, 2001, 1(4-5): 281-286.

[5] LEE K, CHO S, PARK S H, et al. Metallic transport in polyaniline [J]. Nature, 2006, 441: 65-68.

[6] ZHANG L J, PENG H, KILMARTIN P A, et al. Poly(3, 4-ethylenedioxythiophene) and polyaniline bilayer nanostructures with high conductivity and electrocatalytic activity [J]. Macromolecules, 2008, 41(20): 7671-7678.

[7] TRAN H D, D'ARCY J M, WANG Y, et al. The oxidation of aniline to produce "polyaniline": A process yielding many different nanoscale structures [J]. Journal of Materials Chemistry, 2011, 21(11): 3534-3550.

[8] GREEN A G, WOODHEAD A E. CXVII.—Aniline-black and allied compounds. Part Ⅱ [J]. Journal of the Chemical Society, Transactions, 1912, 101(101): 1117-1123.

[9] GREEN A G, WOODHEAD A E. CCXLIII.—Aniline-black and allied compounds. Part Ⅰ [J]. Journal of the Chemical Society, Transactions,

1910, 97(97): 2388-2403.

[10] DE SURVILLE R, JOZEFOWICZ M, YU L T, et al. Electrochemical chains using protolytic organic semiconductors [J]. Electrochimica Acta, 1968, 13 (6): 1451-1458.

[11] MACDIARMID A G, CHIANG J C, RICHTER A F, et al. Polyaniline: A new concept in conducting polymers [J]. Synthetic Metals, 1987, 18(1-3): 285-290.

[12] PRON A, RANNOU P. Processible conjugated polymers: From organic semiconductors to organic metals and superconductors [J]. Progress in Polymer Science, 2002, 27(1): 135-190.

[13] WANG L X, JING X B, WANG F S. Polytoluidines with different degrees of oxidation and their doping with HCl [J]. Synthetic Metals, 1989, 29(1): 363-370.

[14] DIAZ A F, KANAZAWA K K, GARDINI G P. Electrochemical polymerization of pyrrole [J]. Journal of the Chemical Society, Chemical Communications, 1979(14): 635-636.

[15] KANAZAWA K K, DIAZ A F, GEISS R H, et al. "Organic metals": Polypyrrole, a stable synthetic "metallic" polymer [J]. Journal of the Chemical Society, Chemical Communications, 1979(19): 854-855.

[16] PFLUGER P, KROUNBI M, STREET G B, et al. The chemical and physical properties of pyrrole-based conducting polymers: The oxidation of neutral polypyrrole [J]. The Journal of Chemical Physics, 1983, 78(6): 3212-3218.

[17] WYNNE K J, STREET G B. Poly (pyrrol - 2 - ylium tosylate), electrochemical synthesis and physical and mechanical properties [J]. Macromolecules, 1985, 18(12): 2361-2368.

[18] SHEN Y Q, WAN M X. In situ doping polymerization of pyrrole with

sulfonic acid as a dopant [J]. Synthetic Metals, 1998, 96(2): 127-132.

[19] WANG Z L. Characterizing the structure and properties of individual wire-like nanoentities [J]. Advanced Materials, 2000, 12(17): 1295-1298.

[20] XIA Y, YANG P, SUN Y, et al. One - dimensional nanostructures: Synthesis, characterization, and applications [J]. Advanced Materials, 2003, 15(5): 353-389.

[21] IKEGAME M, TAJIMA K, AIDA T. Template synthesis of polypyrrole nanofibers insulated within one - dimensional silicate channels: Hexagonal versus lamellar for recombination of polarons into bipolarons [J]. Angewandte Chemie International Edition , 2003, 42(19): 2154-2157.

[22] YU X F, LI Y X, KALANTAR-ZADEH K. Synthesis and electrochemical properties of template - based polyaniline nanowires and template - free nanofibril arrays: Two potential nanostructures for gas sensors [J]. Sensors and Actuators B: Chemical, 2009, 136(1): 1-7.

[23] QIU H, ZHAI J, LI S, et al. Oriented growth of self-assembled polyaniline nanowire arrays using a novel method [J]. Advanced Functional Materials, 2003, 13(12): 925-928.

[24] CAO Y Y, MALLOUK T E. Morphology of template - grown polyaniline nanowires and its effect on the electrochemical capacitance of nanowire arrays [J]. Chemistry of Materials, 2008, 20(16): 5260-5265.

[25] NURAJE N, SU K, YANG N, et al. Liquid/liquid interfacial polymerization to grow single crystalline nanoneedles of various conducting polymers [J]. ACS Nano, 2008, 2(3): 502-506.

[26] LI G C, JIANG L, PENG H R. One-dimensional polyaniline nanostructures with controllable surfaces and diameters using vanadic acid as the oxidant [J]. Macromolecules, 2007, 40(22): 7890-7894.

[27] TRAN H D, SHIN K, HONG W G, et al. A template - free route to

polypyrrole nanofibers [J]. Macromolecular Rapid Communications, 2007, 28(24): 2289-2293.

[28] DO NASCIMENTO G M, KOBATA P Y G, TEMPERINI M L A. Structural and vibrational characterization of polyaniline nanofibers prepared from interfacial polymerization [J]. The Journal of Physical Chemistry B, 2008, 112(37): 11551-11557.

[29] ZHANG L J, PENG H, SUI J, et al. Polyaniline nanotubes doped with polymeric acids [J]. Current Applied Physics, 2008, 8(3-4): 312-315.

[30] PINTO N J, JOHNSON A T, MACDIARMID A G, et al. Electrospun polyaniline/polyethylene oxide nanofiber field-effect transistor [J]. Applied Physics Letters, 2003, 83(20): 4244-4246.

[31] HE H X, LI C Z, TAO N J. Conductance of polymer nanowires fabricated by a combined electrodeposition and mechanical break junction method [J]. Applied Physics Letters, 2001, 78(6): 811-813.

[32] HUANG J X, KANER R B. A general chemical route to polyaniline nanofibers [J]. Journal of the American Chemical Society, 2004, 126(3): 851-855.

[33] LI D, KANER R B. Shape and aggregation control of nanoparticles: Not shaken, not stirred [J]. Journal of the American Chemical Society, 2006, 128(3): 968-975.

[34] HUANG J X, KANER R B. Nanofiber formation in the chemical polymerization of aniline: A mechanistic study [J]. Angewandte Chemie International Edition, 2004, 43(43): 5817-5821.

[35] HUANG J X, KANER R B. The intrinsic nanofibrillar morphology of polyaniline [J]. Chemical Communications, 2006(4): 367-376.

[36] LI D, KANER R B. How nucleation affects the aggregation of nanoparticles [J]. Journal of Materials Chemistry, 2007, 17(22): 2279-2282.

[37] ZHANG Z M, WAN M X, WEI Y. Highly crystalline polyaniline nanostructures doped with dicarboxylic acids [J]. Advanced Functional Materials, 2006, 16(8): 1100-1104.

[38] ZHANG L X, ZHANG L J, WAN M X, et al. Polyaniline micro/nanofibers doped with saturation fatty acids [J]. Synthetic Metals, 2006, 156(5-6): 454-458.

[39] DING H J, WAN M X, WEI Y. Controlling the diameter of polyaniline nanofibers by adjusting the oxidant redox potential [J]. Advanced Materials, 2007, 19(3): 465-469.

[40] QIU H J, WAN M X. Synthesis, characterization, and electrical properties of nanostructural polyaniline doped with novel sulfonic acids (4-{n-[4-(4-nitrophenylazo) phenyloxy] alkyl} aminobenzene sulfonic acid) [J]. Journal of Polymer Science Part A: Polymer Chemistry, 2001, 39(20): 3485-3497.

[41] ZHANG L J, LONG Y Z, CHEN Z J, et al. The effect of hydrogen bonding on self-assembled polyaniline nanostructures [J]. Advanced Functional Materials, 2004, 14(7): 693-698.

[42] HUANG J, WAN M X. In situ doping polymerization of polyaniline microtubules in the presence of β-naphthalenesulfonic acid [J]. Journal of Polymer Science Part A: Polymer Chemistry, 1999, 37(2): 151-157.

[43] ZHANG L J, WAN M X. Self-assembly of polyaniline—from nanotubes to hollow microspheres [J]. Advanced Functional Materials, 2003, 13(10): 815-820.

[44] ZHANG X T, ZHANG J, SONG W H, et al. Controllable synthesis of conducting polypyrrole nanostructures [J]. The Journal of Physical Chemistry B, 2006, 110(3): 1158-1165.

[45] ZHANG X T, ZHANG J, LIU Z F, et al. Inorganic/organic mesostructure

directed synthesis of wire/ribbon - like polypyrrole nanostructures [J]. Chemical Communications, 2004(16):1852-1853.

[46] DAI T Y, YANG X M, LU Y. Controlled growth of polypyrrole nanotubule/wire in the presence of a cationic surfactant [J]. Nanotechnology, 2006, 17: 3028-3034.

[47] YANG X M, ZHU Z X, DAI T Y, et al. Facile fabrication of functional polypyrrole nanotubes via a reactive self - degraded template [J]. Macromolecular Rapid Communications, 2005, 26(21): 1736-1740.

[48] HU X Q, LU Y, LIU J H. Synthesis of polypyrrole microtubes with actinomorphic morphology in the presence of a β-cyclodextrin derivative-methyl orange inclusion complex [J]. Macromolecular Rapid Communications, 2004, 25(11): 1117-1120.

[49] HUANG K, WAN M X, LONG Y Z, et al. Multi-functional polypyrrole nanofibers via a functional dopant-introduced process [J]. Synthetic Metals, 2005, 155(3): 495-500.

[50] ZHANG X Y, MANOHAR S K. Bulk synthesis of polypyrrole nanofibers by a seeding approach [J]. Journal of the American Chemical Society, 2004, 126(40): 12714 -12715.

[51] FAN C X, QIU H B, RUAN J F, et al. Formation of chiral mesopores in conducting polymers by chiral-lipid-ribbon templating and "seeding" route [J]. Advanced Functional Materials, 2008, 18(18): 2699-2707.

[52] TRAN H D, SHIN K, HONG W G, et al. A template-free route to polypyrrole nanofibers [J]. Macromolecular Rapid Communications, 2007, 28(24): 2289-2293.

[53] ZHANG X Y, GOUX W J, MANOHAR S K. Synthesis of polyaniline nanofibers by "nanofiber seeding" [J]. Journal of the American Chemical Society, 2004, 126(14): 4502-4503.

[54] VIDAL J C, GARCIA-RUIZ E, CASTILLO J R. Recent advances in electropolymerized conducting polymers in amperometric biosensors [J]. Microchim Acta, 2003, 143: 93-111.

[55] ZHU Y, LI J M, WAN M X, et al. A new route for the preparation of brain-like nanostructured polyaniline [J]. Macromolecular Rapid Communications, 2007, 28(12): 1339-1344.

[56] BHATTACHARYYA D, HOWDEN R M, BORRELLI D C, et al. Vapor phase oxidative synthesis of conjugated polymers and applications [J]. Journal of Polymer Science Part B: Polymer Physics, 2012, 50(19): 1329-1351.

[57] LEE J M, LEE D G, KIM J H, et al. Effects of the hydrophobicity of substrate on inverse opal structures of poly(pyrrole) fabricated by colloidal templating [J]. Macromolecules, 2007, 40(26): 9529-9536.

[58] CHEN J Y, CHAO D M, LU X F, et al. General synthesis of two-dimensional patterned conducting polymer-nanobowl sheet via chemical polymerization [J]. Macromolecular Rapid Communications, 2006, 27(10): 771-775.

[59] WANG J S, WANG J X, YANG Z, et al. A novel strategy for the synthesis of polyaniline nanostructures with controlled morphology [J]. Reactive and Functional Polymers, 2008, 68(10): 1435-1440.

[60] ZHOU C Q, HAN J, GUO R. Controllable synthesis of polyaniline multidimensional architectures: From plate-like structures to flower-like superstructures [J]. Macromolecules, 2008, 41(17): 6473-6479.

[61] LI G C, ZHANG C Q, PENG H R. Facile synthesis of self-assembled polyaniline nanodisks [J]. Macromolecular Rapid Communications, 2008, 29(1): 63-67.

[62] BAI M Y, CHENG Y J, WICKLINE S A, et al. Colloidal hollow spheres of

conducting polymers with smooth surface and uniform, controllable sizes [J]. Small, 2009, 5(15): 1747-1752.

[63] BAI M Y, XIA Y N. Facile synthesis of double-shelled polypyrrole hollow particles with a structure similar to that of a thermal bottle [J]. Macromolecular Rapid Communications, 2010, 31(21): 1863-1868.

[64] ZHANG Z Q, SUI J J, ZHANG L L, et al. Synthesis of polyaniline with a hollow, octahedral morphology by using a cuprous oxide template [J]. Advanced Materials, 2005, 17(23): 2854-2857.

[65] FEI J B, CUI Y, YAN X H, et al. Controlled fabrication of polyaniline spherical and cubic shells with hierarchical nanostructures [J]. ACS Nano, 2009, 3(11): 3714-3718.

[66] ZHAO L, TONG L, LI C, et al. Polypyrrole actuators with inverse opal structures [J]. Journal of Materials Chemistry, 2009, 19(11): 1653-1658.

[67] ANTONY M J, JAYAKANNAN M. Amphiphilic azobenzenesulfonic acid anionic surfactant for water-soluble, ordered, and luminescent polypyrrole nanospheres [J]. The Journal of Physical Chemistry B, 2007, 111(44): 12772-12780.

[68] XUE Y P, LU X F, XU Y, et al. Controlled fabrication of polypyrrole capsules and nanotubes in the presence of Rhodamine B [J]. Polymer Chemistry, 2010, 1(10): 1602-1605.

[69] ZHANG Y S, XU W H, YAO W T, et al. Oxidation-reduction reaction driven approach for hydrothermal synthesis of polyaniline hollow spheres with controllable size and shell thickness [J]. The Journal of Physical Chemistry C, 2009, 113(20): 8588-8594.

[70] HAN J, SONG G P, GUO R. Nanostructure-based leaf-like polyaniline in the presence of an amphiphilic triblock copolymer [J]. Advanced Materials,

2007, 19(19): 2993-2999.

[71] ZHU Y, LI J M, WAN M X, et al. 3D-boxlike polyaniline microstructures with super-hydrophobic and high-crystalline properties [J]. Polymer, 2008, 49(16): 3419-3423.

[72] ZHU Y, LI J M, WAN M X, et al. Superhydrophobic 3D microstructures assembled from 1D nanofibers of polyaniline [J]. Macromolecular Rapid Communications, 2008, 29(3): 239-243.

[73] ZHU Y, HU D, WAN M X, et al. Conducting and superhydrophobic rambutan-like hollow spheres of polyaniline [J]. Advanced Materials, 2007, 19(16): 2092-2096.

[74] JIN E, LU X F, BIAN X J, et al. Unique tetragonal starlike polyaniline microstructure and its application in electrochemical biosensing [J]. Journal of Materials Chemistry, 2010, 20(15): 3079-3083.

[75] ZHOU C Q, HAN J, SONG G P, et al. Fabrication of polyaniline with hierarchical structures in alkaline solution [J]. European Polymer Journal, 2008, 44(9): 2850-2858.

[76] WANG J S, WANG J X, WANG Z, et al. A template-free method toward urchin-like polyaniline microspheres [J]. Macromolecular Rapid Communications, 2009, 30(8): 604-608.

[77] ZHOU C Q, HAN J, SONG G P, et al. Polyaniline hierarchical structures synthesized in aqueous solution: Micromats of nanofibers [J]. Macromolecules, 2007, 40(20): 7075-7078.

[78] ZHOU C Q, HAN J, GUO R. Polyaniline fan-like architectures of rectangular sub-microtubes synthesized in dilute inorganic acid solution [J]. Macromolecular Rapid Communications, 2009, 30(3): 182-187.

[79] FEI J B, CUI Y, YAN X H, et al. Formation of PANI tower-shaped hierarchical nanostructures by a limited hydrothermal reaction [J]. Journal

of Materials Chemistry, 2009, 19(20): 3263-3267.

[80] HE C, YANG C H, LI Y F. Chemical synthesis of coral-like nanowires and nanowire networks of conducting polypyrrole [J]. Synthetic Metals, 2003, 139(2): 539-545.

[81] WANG T Q, ZHONG W B, NING X T, et al. Facile route to hierarchical conducting polymer nanostructure: Synthesis of layered polypyrrole network plates [J]. Journal of Applied Polymer Science, 2009, 114 (6): 3855-3862.

[82] XIA Y Y, YANG J G. One-step fabrication of hierarchical polypyrrole microspheres with nanofibers as building blocks [J]. Synthetic Metals, 2010, 160(15-16): 1688-1691.

[83] IIJIMA S. Helical microtubules of graphitic carbon [J]. Nature, 1991, 354: 56-58.

[84] DAI H J. Carbon nanotubes: Synthesis, integration, and properties [J]. Accounts of Chemical Research, 2002, 35(12): 1035-1044.

[85] NOVOSELOV K S, GEIM A K, MOROZOV S V, et al. Electric field effect in atomically thin carbon films [J]. Science, 2004, 306(5696): 666-669.

[86] ZHU Y W, MURALI S, CAI W W, et al. Graphene and graphene oxide: Synthesis, properties, and applications [J]. Advanced Materials, 2010, 22 (35): 3906-3924.

[87] KUMAR S A, CHEN S M. Electroanalysis of NADH using conducting and redox active polymer/carbon nanotubes modified electrodes-A review [J]. Sensors(Basel), 2008, 8(2): 739-766.

[88] COCHET M, MASER W K, BENITO A M, et al. Synthesis of a new polyaniline/nanotube composite: "In-situ" polymerisation and charge transfer through site-selective interaction [J]. Chemical Communications, 2001, (16): 1450-1451.

[89] XU J, YAO P, LI X, et al. Synthesis and characterization of water-soluble and conducting sulfonated polyaniline/para-phenylenediamine-functionalized multi-walled carbon nanotubes nano-composite [J]. Materials Science and Engineering: B, 2008, 151(3): 210-219.

[90] PARK J E, SAIKAWA M, ATOBE M, et al. Highly-regulated nanocoatings of polymer films on carbon nanofibers using ultrasonic irradiation [J]. Chemical Communications, 2006(25): 2708-2710.

[91] ZHANG X T, ZHANG J, WANG R M, et al. Surfactant - directed polypyrrole/CNT nanocables: Synthesis, characterization, and enhanced electrical properties [J]. ChemPhysChem, 2004, 5(7): 998-1002.

[92] ZHANG X T, ZHANG J, WANG R M, et al. Cationic surfactant directed polyaniline/CNT nanocables: Synthesis, characterization, and enhanced electrical properties [J]. Carbon, 2004, 42(8-9): 1455-1461.

[93] ZHANG X , ZHANG J, LIU Z. Tubular composite of doped polyaniline with multi-walled carbon nanotubes [J]. Applied Physics A , 2005, 80: 1813-1817.

[94] YAN X B, HAN Z J, YANG Y, et al. Fabrication of carbon nanotube - polyaniline composites via electrostatic adsorption aqueous colloids [J]. The Journal of Physical Chemistry C, 2007, 111(11): 4125-4131.

[95] LI M, HUANG X Y, WU C, et al. Fabrication of two-dimensional hybrid sheets by decorating insulating PANI on reduced graphene oxide for polymer nanocomposites with low dielectric loss and high dielectric constant [J]. Journal of Materials Chemistry, 2012, 22(44): 23477-23484.

[96] ZHANG J T, ZHAO X S. Conducting polymers directly coated on reduced graphene oxide sheets as high-performance supercapacitor electrodes [J]. The Journal of Physical Chemistry C, 2012, 116(9): 5420-5426.

[97] QIU J D, SHI L, LIANG R P, et al. Controllable deposition of a platinum

nanoparticle ensemble on a polyaniline/graphene hybrid as a novel electrode material for electrochemical sensing [J]. Chemistry, 2012, 18(25): 7950-7959.

[98] CHEN F, LIU P, ZHAO Q Q. Well-defined graphene/polyaniline flake composites for high performance supercapacitors [J]. Electrochimica Acta, 2012, 76: 62-68.

[99] LI Y Z, ZHAO X, YU P P, et al. Oriented arrays of polyaniline nanorods grown on graphite nanosheets for an electrochemical supercapacitor [J]. Langmuir, 2013, 29(1): 493-500.

[100] HUANG X L, HU N T, GAO R G, et al. Reduced graphene oxide-polyaniline hybrid: Preparation, characterization and its applications for ammonia gas sensing [J]. Journal of Materials Chemistry, 2012, 22(42): 22488-22495.

[101] MA B, ZHOU X, BAO H, et al. Hierarchical composites of sulfonated graphene-supported vertically aligned polyaniline nanorods for high-performance supercapacitors [J]. Journal of Power Sources, 2012, 215: 36-42.

[102] ZHOU S P, ZHANG H M, ZHAO Q, et al. Graphene-wrapped polyaniline nanofibers as electrode materials for organic supercapacitors [J]. Carbon, 2013, 52: 440-450.

[103] XIA Y N, XIONG Y J, LIM B, et al. Shape-controlled synthesis of metal nanocrystals: Simple chemistry meets complex physics? [J]. Angewandte Chemie International Edition, 2008, 48(1): 60-103.

[104] HUANG J X, VIRJI S, WEILLER B H, et al. Nanostructured polyaniline sensors [J]. Chemistry, 2004, 10(6): 1314-1319.

[105] TSENG R J, HUANG J X, OUYANG J Y, et al. Polyaniline nanofiber/gold nanoparticle nonvolatile memory [J]. Nano Letters, 2005, 5(6): 1077-1080.

[106] GALLON B J, KOJIMA R W, KANER R B, et al. Palladium nanoparticles supported on polyaniline nanofibers as a semi-heterogeneous catalyst in water [J]. Angewandte Chemie International Edition, 2007, 46(38): 7251-7254.

[107] ZHANG X Y, MANOHAR S K. Narrow pore-diameter polypyrrole nanotubes [J]. Journal of the American Chemical Society, 2005, 127(41): 14156-14157.

[108] CHEN Z W, XU L B, LI W Z, et al. Polyaniline nanofibre supported platinum nanoelectrocatalysts for direct methanol fuel cells [J]. Nanotechnology, 2006, 17: 5254-5259.

[109] MA Y W, JIANG S J, JIAN G Q, et al. CN_x nanofibers converted from polypyrrole nanowires as platinum support for methanol oxidation [J]. Energy & Environmental Science, 2009, 2(2): 224-229.

[110] GUO S J, DONG S J, WANG E. Polyaniline/Pt hybrid nanofibers: High-efficiency nanoelectrocatalysts for electrochemical devices [J]. Small, 2009, 5(16): 1869-1876.

[111] CHEN A H, WANG H Q, LI X Y. One-step process to fabricate Ag-polypyrrole coaxial nanocables [J]. Chemical Communications, 2005, (14): 1863-1864.

[112] MUÑOZ-ROJAS D, ORÓ-SOLÉ J, AYYAD O, et al. Facile one-pot synthesis of self-assembled silver@polypyrrole core/shell nanosnakes [J]. Small, 2008, 4(9): 1301-1306.

[113] HUANG K, ZHANG Y J, LONG Y Z, et al. Preparation of highly conductive, self-assembled gold/polyaniline nanocables and polyaniline nanotubes [J]. A European Journal, 2006, 12(20): 5314-5319.

[114] WANG S B, SHI G Q. Uniform silver/polypyrrole core-shell nanoparticles synthesized by hydrothermal reaction [J]. Materials Chemistry and Physics,

2007, 102(2-3): 255-259.

[115] WU J, ZHANG X, YAO T J, et al. Improvement of the stability of colloidal gold superparticles by polypyrrole modification [J]. Langmuir, 2010, 26 (11): 8751-8755.

[116] CHEN A H, XIE H X, WANG H Q, et al. Fabrication of Ag/polypyrrole coaxial nanocables through common ions adsorption effect [J]. Synthetic Metals, 2006, 156(2-4): 346-350.

[117] ZHU C L, CHOU S W, HE S F, et al. Synthesis of core/shell metal oxide/polyaniline nanocomposites and hollow polyaniline capsules [J]. Nanotechnology, 2007, 18(27): 275604.

[118] WANG Y Q, ZOU B F, GAO T, et al. Synthesis of orange-like Fe_3O_4/PPy composite microspheres and their excellent Cr(Ⅵ) ions removal properties [J]. Journal of Materials Chemistry, 2012, 22(18): 9034-9040.

[119] XU J, LI X L, LIU J F, et al. Solution route to inorganic nanobelt-conducting organic polymer core-shell nanocomposites [J]. Journal of Polymer Science Part A: Polymer Chemistry, 2005, 43(13): 2892-2900.

[120] LI G C, ZHANG C Q, PENG H R, et al. One-dimensional V_2O_5@polyaniline core/shell nanobelts synthesized by an in situ polymerization method [J]. Macromolecular Rapid Communications, 2009, 30(21): 1841-1845.

[121] ĆIRIĆ-MARJANOVIĆ G, DRAGIČEVIĆ L, MILOJEVIĆ M, et al. Synthesis and characterization of self-assembled polyaniline nanotubes/silica nanocomposites [J]. The Journal of Physical Chemistry B, 2009, 113 (20): 7116-7127.

[122] LU X F, ZHAO Q D, LIU X C, et al. Preparation and characterization of polypyrrole/TiO_2 coaxial nanocables [J]. Macromolecular Rapid Communications, 2006, 27(6): 430-434.

[123] ZHANG L J, WAN M X. Polyaniline/TiO_2 composite nanotubes [J]. The Journal of Physical Chemistry B, 2003, 107: 6748-6753.

[124] LU X F, MAO H, CHAO D M, et al. Ultrasonic synthesis of polyaniline nanotubes containing Fe_3O_4 nanoparticles [J]. Journal of Solid State Chemistry, 2006, 179(8): 2609-2615.

[125] WANG X C, LIU J, FENG X F, et al. Fabrication of hollow Fe_3O_4-polyaniline spheres with sulfonated polystyrene templates [J]. Materials Chemistry and Physics, 2008, 112(2): 319-321.

[126] HAN J, LI L Y, FANG P, et al. Ultrathin MnO_2 nanorods on conducting polymer nanofibers as a new class of hierarchical nanostructures for high-performance supercapacitors [J]. The Journal of Physical Chemistry C, 2012, 116(30): 15900-15907.

[127] CUI L F, SHEN J, CHENG F Y, et al. SnO_2 nanoparticles@ polypyrrole nanowires composite as anode materials for rechargeable lithium-ion batteries [J]. Journal of Power Sources, 2011, 196(4): 2195-2201.

[128] LU X F, YU Y H, CHEN L, et al. Preparation and characterization of polyaniline microwires containing CdS nanoparticles [J]. Chemical Communications, 2004, (13): 1522-1523.

[129] JING S Y, XING S X, ZHAO C. Direct synthesis of PbS/polypyrrole core-shell nanocomposites based on octahedral PbS nanocrystals colloid [J]. Materials Letters, 2008, 62(1): 41-43.

[130] ZHANG W X, WEN X G, YANG S H. Synthesis and characterization of uniform arrays of copper sulfide nanorods coated with nanolayers of polypyrrole [J]. Langmuir 2003, 19(10): 4420-4426.

[131] OTA J, SRIVASTAVA S K. Polypyrrole coating of tartaric acid-assisted synthesized Bi_2S_3 nanorods [J]. The Journal of Physical Chemistry C, 2007, 111: 12260-12264.

[132] GUO Y B, TANG Q X, LIU H B, et al. Light-controlled organic/inorganic P-N junction nanowires [J]. Journal of the American Chemical Society, 2008, 130(29): 9198-9199.

[133] XUAN S H, WANG Y X, YU J C, et al. Preparation, characterization, and catalytic activity of core/shell Fe_3O_4@ polyaniline@ Au nanocomposites [J]. Langmuir, 2009, 25(1): 11835-11843.

[134] SHARMA S, POLLET B G. Support materials for PEMFC and DMFC electrocatalysts - A review [J]. Journal of Power Sources, 2012, 208: 96-119.

[135] LU X F, ZHANG W J, WANG C, et al. One - dimensional conducting polymer nanocomposites: Synthesis, properties and applications [J]. Progress in Polymer Science, 2011, 36(5): 671-712.

[136] ZHANG H, ZONG R L, ZHU Y F. Photocorrosion inhibition and photoactivity enhancement for zinc oxide via hybridization with monolayer polyaniline [J]. The Journal of Physical Chemistry C, 2009, 113(11): 4605-4611.

[137] HATCHETT D W, JOSOWICZ M. Composites of intrinsically conducting polymers as sensing nanomaterials [J]. Chemical review, 2008, 108(2): 746-769.

[138] LI J, XIE H Q. Enhanced electrocatalytic oxidation of hydroxylamine on Pt/polypyrrole composite modified glassy carbon electrode [J]. Ionics, 2013, 19: 105-112.

[139] ANTOLINI E, GONZALEZ E R. Polymer supports for low-temperature fuel cell catalysts [J]. Applied Catalysis A: General, 2009, 365(1): 1-19.

[140] PENG Z M, YANG H. Designer platinum nanoparticles: Control of shape composition in alloy, nanostructure and electrocatalytic property [J]. Nano Today, 2009, 4(2): 143-164.

[141] CHEN Z W, WAJE M, LIW Z, et al. Supportless Pt and PtPd nanotubes as electrocatalysts for oxygen-reduction reactions [J]. Angewandte Chemie International Edition, 2007, 46(22): 4060-4063.

[142] RONG L Q, YANG C, QIAN Q Y, et al. Study of the nonenzymatic glucose sensor based on highly dispersed Pt nanoparticles supported on carbon nanotubes [J]. Talanta, 2007, 72(2): 819-824.

[143] ZHANG L X, WANG L, GUO S J, et al. Monodisperse, submicrometer-scale platinum colloidal spheres with high electrocatalytic activity [J]. Electrochemistry Communications, 2009, 11(2): 258-261.

[144] ZHAO H B, LI L, YANG J, et al. Synthesis and characterization of bimetallic Pt-Fe/polypyrrole-carbon catalyst as DMFC anode catalyst [J]. Electrochemistry Communications, 2008, 10(6): 876-879.

[145] ZHAO H B, LI L, YANG J, et al. Nanostructured polypyrrole/carbon composite as Pt catalyst support for fuel cell applications [J]. Journal of Power Sources, 2008, 184(2): 375-80.

[146] LI J, LIN X Q. Electrocatalytic reduction of nitrite at polypyrrole nanowire-platinum nanocluster modified glassy carbon electrode [J]. Microchemical Journal, 2007, 87(1): 41-46.

[147] TANG L H, ZHU Y H, XU L H, et al. Properties of dendrimer-encapsulated Pt nanoparticles doped polypyrrole composite films and their electrocatalytic activity for glucose oxidation [J]. Electroanalysis, 2007, 19(16): 1677-1682.

[148] DENG H, LI X L, PENG Q, et al. Monodisperse magnetic single-crystal ferrite microspheres [J]. Angewandte Chemie International Edition, 2005, 44(18): 2782-2785.

[149] LU X F, MAO H, ZHANG W J. Fabrication of core-shell Fe_3O_4/polypyrrole and hollow polypyrrole microspheres [J]. Polymer Composite,

2009, 30(6): 847-854.

[150] HURDIS E C, ROMEYN H. Accuracy of determination of hydrogen peroxide by cerate oxidimetry [J]. Analytical Chemistry, 1954, 26(2): 320-325.

[151] HIGASHI N, YOKOTA H, HIRAKI S, et al. Direct determination of peracetic acid, hydrogen peroxide, and acetic acid in disinfectant solutions by far-ultraviolet absorption spectroscopy [J]. Analytical Chemistry, 2005, 77(7): 2272-2277.

[152] KONG Y T, BOOPATHI M, SHIM Y B. Direct electrochemistry of horseradish peroxidase bonded on a conducting polymer modified glassy carbon electrode [J]. Biosensors and Bioelectronics, 2003, 19 (3): 227-232.

[153] LEI C X, HU S Q, GAO N, et al. An amperometric hydrogen peroxide biosensor based on immobilizing horseradish peroxidase to a nano - Au monolayer supported by sol - gel derived carbon ceramic electrode [J]. Bioelectrochemistry, 2004, 65(1): 33-39

[154] CHEN H J, DONG S J. Direct electrochemistry and electrocatalysis of horseradish peroxidase immobilized in sol - gel - derived ceramic - carbon nanotube nanocomposite film [J]. Biosensors and Bioelectronics, 2007, 22 (8): 1811-1815.

[155] XIANG C L, ZOU Y J, SUN L X, et al. Direct electrochemistry and enhanced electrocatalysis of horseradish peroxidase based on flowerlike ZnO-gold nanoparticle - Nafion nanocomposite [J]. Sensors and Actuators B: Chemical, 2009, 136(1): 158-162.

[156] YIN H S, AI S Y, SHI W J, et al. A novel hydrogen peroxide biosensor based on horseradish peroxidase immobilized on gold nanoparticles - silk fibroin modified glassy carbon electrode and direct electrochemistry of horseradish peroxidase [J]. Sensors and Actuators B: Chemical, 2009, 137

(2): 747-753.

[157] CAO D X, SUN L M, WANG G L, et al. Kinetics of hydrogen peroxide electroreduction on Pd nanoparticles in acidic medium [J]. Journal of Electroanalytical Chemistry, 2008, 621(1): 31-37.

[158] O'KEEFE D F, DANNOCK M C, MARCUCCIO S M. Palladium catalyzed coupling of halobenzenes with arylboronic acids: Rôle of the triphenylphosphine ligand [J]. Tetrahedron Letters, 1992, 33(47): 6679-6680.

[159] KANG J H, SHIN E W, KIM W J, et al. Selective hydrogenation of acetylene on TiO_2-added Pd catalysts [J]. Journal of Catalysis, 2002, 208 (2): 310-320.

[160] CWIK A, HELL Z, FIGUERAS F. Suzuki-Miyaura cross-coupling reaction catalyzed by Pd/MgLa mixed oxide [J]. Organic & Biomolecular Chemistry, 2005, 3(24): 4307-4309.

[161] TAMAI T, WATANABE M, TERAMURA T, et al. Metal nanoparticle/polymer hybrid particles: The catalytic activity of metal nanoparticles formed on the surface of polymer particles by UV-irradiation [J]. Macromolecular Symposia, 2010, 288(1): 104-110.

[162] KUMAR D, CHEN M S, GOODMAN D W. Synthesis of vinyl acetate on Pd-based catalysts [J]. Catalysis Today, 2007, 123(1-4): 77-85.

[163] ZINOVYEVA V A, VOROTYNTSEV M A, BEZVERKHYY I, et al. Highly dispersed palladium-polypyrrole nanocomposites: In-water synthesis and application for catalytic arylation of heteroaromatics by direct C—H bond activation [J]. Advanced Functional Materials, 2011, 21(6): 1064-1075.

[164] XUAN S H, ZHOU Y F, XU H J, et al. One step method to encapsulate nanocatalysts within Fe_3O_4 nanoreactors [J]. Journal of Materials Chemistry, 2011, 21(39): 15398-404.

[165] JIANG K, ZHANG H X, YANG Y Y, et al. Facile synthesis of Ag@ Pd satellites-Fe_3O_4 core nanocomposites as efficient and reusable hydrogenation catalysts [J]. Chemical Communications, 2011, 47(43): 11924-11926.
[166] KIKUCHI R, MAEDA S, SASAKI K, et al. Catalytic activity of oxide-supported Pd catalysts on a honeycomb for low-temperature methane oxidation [J]. Applied Catalysis A: General, 2003, 239(1-2): 169-179.
[167] LEE J M, PARK J, KIM S, et al. Ultra-sensitive hydrogen gas sensors based on Pd-decorated tin dioxide nanostructures: Room temperature operating sensors [J]. International Journal of Hydrogen Energy, 2010, 35(22): 12568-12573.
[168] SEKIZAWAK, WIDJAJA H, MAEDA S, et al. Low temperature oxidation of methane over Pd catalyst supported on metal oxides [J]. Catalysis Today, 2000, 59(1-2): 69-74.

(a) (b) (c) (d)

图 1　不同样品的光学图

(a)盐酸掺杂 PANI 纳米纤维水分散液；(b)去掺杂 PANI 纳米纤维水分散液；(c)巯基乙酸掺杂 PANI 纳米纤维水分散液；(d)聚苯胺/硫化铜复合纳米纤维水分散液

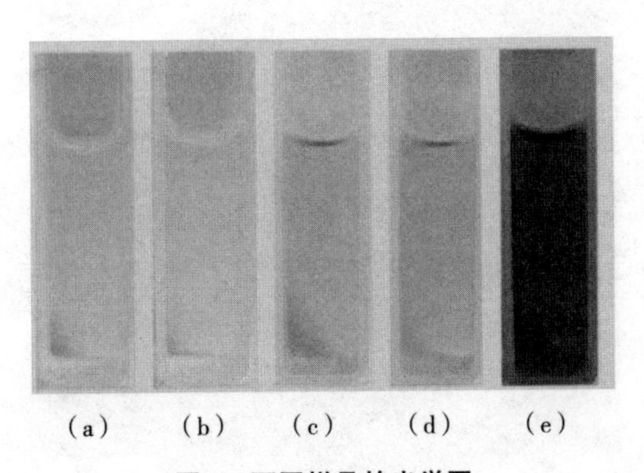
(a) (b) (c) (d) (e)

图 2　不同样品的光学图

(a)TMB 溶液；(b)TMB+H_2O_2 混合溶液；(c)PANI/Cu_9S_5 水分散液；(d)PANI/Cu_9S_5+TMB 混合溶液；(e)PANI/Cu_9S_5+TMB+H_2O_2 混合溶液

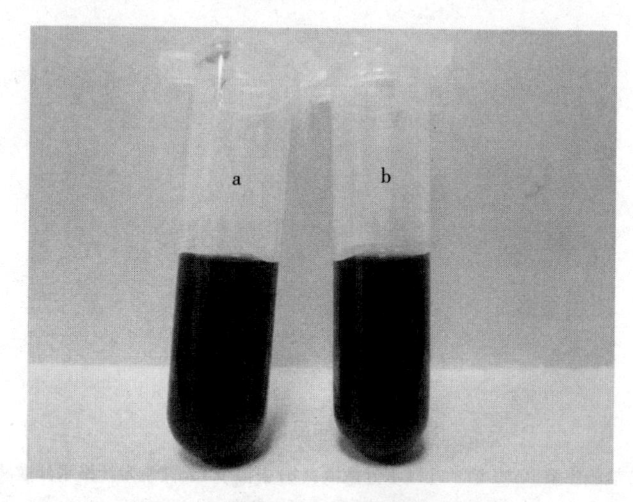

图 3　不同样品的水分散液的光学图

(a)单纯 PANI 纳米纤维；(b)PANI/PB 复合纳米纤维

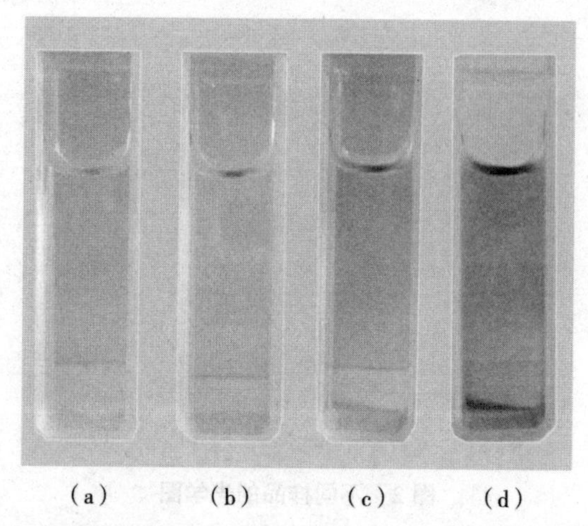

图 4　含有不同浓度 H_2O_2 的缓冲液的混合溶液的光学图

(a)$c_{H_2O_2}=2.0\ \mu mol \cdot L^{-1}$；(b)$c_{H_2O_2}=10.0\ \mu mol \cdot L^{-1}$；

(c)$c_{H_2O_2}=40.0\ \mu mol \cdot L^{-1}$；(d)$c_{H_2O_2}=100.0\ \mu mol \cdot L^{-1}$